计算机软件工程系列

基于 ARDUINO 的 AURIX™ 多核单片机入门

张　威　闻　新　张小凤　周　露　编著

哈尔滨工业大学出版社

内 容 简 介

本书简单明了地介绍了英飞凌 ARDUINO 多核单片机的原理和实验技术,叙述了英飞凌多核单片机的应用背景,介绍了 32 位单片机的历史及 AURIX 系列单片机的特点。本书重点讲解 ShieldBuddy TC275 评估版的基本实验方法,包括多核单片机资源开发与使用方法,如 CPU、RAM、FLASH、GTM、DMA、A/D、I/O、CAN、ACLIN和 STM 等主要资源,引领读者从简单的入门实验逐渐过渡到功能应用案例。

本书属于了解高端单片机的入门读物,适合没有基础的大学生和中学生自学和阅读。本书也可作为具有 51 单片机、STM32 单片机和 ARDUINO 单片机基础的技术人员的快速阅读手册,帮助其了解高端单片机的资源和应用技术。

图书在版编目(CIP)数据

基于 ARDUINO 的 AURIX™ 多核单片机入门/张威等编著. —哈尔滨:哈尔滨工业大学出版社,2022.1
ISBN 978-7-5603-9217-2

Ⅰ.①基… Ⅱ.①张… Ⅲ.①单片微型计算机-程序设计 Ⅳ.①TP368.1

中国版本图书馆 CIP 数据核字(2020)第 242629 号

策划编辑 王桂芝
责任编辑 王会丽 周轩毅
出版发行 哈尔滨工业大学出版社
社 址 哈尔滨市南岗区复华四道街 10 号 邮编 150006
传 真 0451-86414749
网 址 http://hitpress.hit.edu.cn
印 刷 黑龙江艺德印刷有限责任公司
开 本 787 mm×1 092 mm 1/16 印张 8 字数 188 千字
版 次 2022 年 1 月第 1 版 2022 年 1 月第 1 次印刷
书 号 ISBN 978-7-5603-9217-2
定 价 38.00 元

前　　言

目前，国内本科生和研究生大多应用 51 单片机、STM32 单片机或 ARDUINO 单片机去参加各类科创竞赛项目的设计活动，而这些系列单片机存在许多问题，如运算速度低、通信接口资源少、安全性差等，不能满足复杂项目设计的需要。

为了适应科技发展、提升参加各类科研项目的能力和帮助广大电子应用爱好者了解高端单片机，北斗产教融合团队积极跟踪国内外单片机应用的发展趋势，2018 年秋季开始，本书作者闻新教授率先在国内开设面向本科生和研究生的"英飞凌多核单片机应用技术"选修课程，并于 2019 年秋季创建江苏省在线 MOOC（慕课）课程"英飞凌多核单片机应用技术"，同时将英飞凌多核单片机应用于全国"北斗杯"的科创竞赛作品中。

本书简单明了地介绍了英飞凌 ARDUINO 多核单片机的原理和实验技术，叙述了英飞凌多核单片机的应用背景，介绍了 32 位单片机的历史及 AURIX 系列单片机的特点。本书重点讲解 ShieldBuddy TC275 评估版的基本实验方法，包括多核单片机资源开发与使用方法，如 CPU、RAM、FLASH、GTM、DMA、A/D、I/O、CAN、ACLIN 和 STM 等主要资源，引领读者从简单的入门实验逐渐过渡到功能应用案例。

本书属于了解高端单片机的入门读物，适合没有基础的大学生和中学生自学和阅读。本书也可作为具有 51 单片机、STM32 单片机和 ARDUINO 单片机基础的技术人员的快速阅读手册，帮助其了解高端单片机的资源和应用技术。

本书共 9 章，第 1~7 章由北京石油化工学院张威完成，第 8 章的实验验证工作由硕士研究生徐媛媛和王宁完成，第 9 章由闻新、张小凤、周露完成。北京理工大学珠海学院以英飞凌多核单片机为背景开展毕业设计，完成了四旋翼无人机的实验系统搭建与测试，为本书的完成做出了许多探索性工作。全书由张威统稿，并对全书实验进行了验证。

由于作者水平有限，且参考资料不足，书中难免有疏漏和不足之处，请广大读者批评指正。

作　者
2021 年 9 月

目　　录

第1章 绪 论

1.1　英飞凌32位单片机的发展情况

英飞凌科技公司是半导体产品行业的领军者,为汽车、工业功率器件、芯片卡和安全应用提供半导体和系统解决方案。目前,英飞凌生产的微处理器家族包括8位的XC800系列、16位的XC2000、XC166及XE166系列、32位的TC17xx、AUDO及AURIX™系列、32位的XMC1000及XMC4000系列。在业界,英飞凌率先推出具有功率因数校正和磁场定向控制功能的单片机,它可使工业和汽车电子应用的电机驱动装置获得出色的扭矩、更低的噪声和更高的能效。上述不同位数微处理器简介如下。

(1)8位微处理器。

XC800属于英飞凌的8位微处理器系列,如XC878具有功率因数校正(PFC)和磁场定向控制(FOC)功能,可以处理以往由16位或32位控制器(MCU)执行的任务。此外,还具备高达10个输出端和4个独立时基,可实现对两台三相电动机的独立控制。

(2)16位微处理器。

XC166属于英飞凌的16位微处理器系列,如XC164CM系列是增强型16位控制器家族的新成员,是专门为电机驱动设计的,其拥有出色的数字信号处理(DSP)性能和先进的中断处理能力,还拥有功能强大的片上外设和可靠的高性能片上内存,且自动纠错能力强、温度工作范围宽。

(3)32位微处理器。

英飞凌的32位微处理器基于统一的RISC(精简指令计算机)/MCU/DSP处理器内核设计,其拥有强大的计算能力。截至目前为止,32位微处理器已经发展到第五代TriCore™系列单片机,这种3核处理器架构通过灵活的集成,使设计真正的片上系统解决方案、片上高密度存储器、专用外设和客户逻辑变得更加方便。

1.2　AURIX™系列单片机

2012年5月10日,英飞凌推出车用32位多核单片机系列AURIX™。AURIX™满足未来几代车辆的安全性与动力系统要求,堪称安全与性能完美统一的典范。全新的AURIX™系列的多核架构包含3个独立的32位TriCore™处理内核,可满足业界的最高安全标准。

由于具备出色的实时性能以及嵌入式安全与防护功能,因此 AURIX™ 系列被应用于诸多汽车中,如内燃机、电动汽车和混合动力汽车等。与传统架构相比,安全系统的开发工作量可减少 30%,从而缩短产品的开发周期。另外,它还为实现更多功能和足够的资源缓冲以及满足未来各种需求创造了条件。除此之外,为更好地满足防止汽车被盗窃、欺诈或篡改的安全需求,AURIX™ 系列的 TC29x、TC27x 和 TC23x 均内置一个安全模块。

AURIX™ 多核架构中采用了锁步(lockstep)核模块来进行计算和验证,并结合了安全内部通信总线和分布式内存保护系统等安全技术,且允许不同来源的具备不同安全等级的软件实现集成,这为将多个应用和操作系统无缝集成于一个统一的 AURIX™ 平台创造了条件。

AURIX™ 系列的高端芯片 TC297T、TC298T 和 TC299T 含有 3 个 TriCore™ CPU(中央处理器)。高性能核心版本 TC1.6P 在每个周期内执行 3 个指令,一个内核含有额外的锁步核。3 个 TriCore™ 内核通过一个 64 位的总线连接,可以在总线主控、CPU 和存储器之间进行快速并行访问。

另外,AURIX™ 系列为了适用于不同的应用和性能需求,同样提供了单核以及双核锁步。TC29x 共含有 8 MB 的程序闪存,被分成两个独立的读取接口,从而允许两个不同 CPU 的并行访问,并且没有速度限制。EEPROM(带电可擦可编程只读存储器)仿真可以满足 10 年内的最大数据量进行 50 万次擦写。

AURIX™ 系列的所有产品均采用 65 nm 嵌入式闪存技术制造,可确保在严酷的汽车应用环境中达到最高的可靠性。为确保持续供应优质产品,英飞凌采用了两个前道工厂的供应模式,即在两个地点设立采用相同的认证流程和工具的工厂。

英飞凌的工具合作伙伴提供了一整套 AURIX™ 系列专用工具,以确保实现最优设计流程,有效控制多核软件开发的工作量和成本。强大的工具链具备特别优化的 C/C++交叉编译器,以及丰富的高效调试与跟踪功能的调试器。此外,专用的测量、标定和诊断工具还可提供动力总成 ECU(发动机控制器)开发所需的功能。

AURIX™ 系列利用特性丰富的编译器和成熟的时序及调度分析等工具,成功解决了正确性低、性能低和可扩展性低等多核软件开发的各类问题。多个特性丰富的仿真套件有助于客户模块化设计 AURIX™ 器件的外围电路,它们还可轻松地与 Simulink 等建模工具结合使用。

英飞凌提供免费工具链,它包含一个全功能 C/C++编译器(包含调试器)和基于 Eclipse 开发环境的 TriCore™ 入门工具链,可从 TriCore™ 产品网站(www.infineon.com/freetools)免费下载。

后续的第二代和第三代多核架构单片机的内核都是基于 TriCore™ 内核设计的,设计目标是封装兼容,方便客户以最小的代价轻松切换到新一代产品。

希望了解更多英飞凌 AURIX™ 系列单片机最新发展动态和应用情况的读者,可以访问英飞凌汽车电子生态圈网站,其首页网址为 https://www.infineon-autoeco.com/,如图 1.1 所示。

图1.1 英飞凌汽车电子生态圈网站的首页

1.3 ShieldBuddy TC275 开发板介绍

ShieldBuddy TC275 开发板(以下简称 ShieldBuddy TC275)是英飞凌科技公司与 HITEX 科技公司合作的产品(图 1.2),其中 HITEX 公司为一家主要研究嵌入式系统开发的公司。ShieldBuddy TC275 是目前世界上最小的 AURIX 开发板,采用了英飞凌 AURIX™ ShieldBuddy TC275 多核处理器,具有高速、高性能等优点;同时,ShieldBuddy TC275 还采用了 ARDUINO 形式,支持 ARDUINO 集成开发环境(Interated Development Environment,IDE)编程。

图1.2 ShieldBuddy TC275

随着电子时代的高速发展,有时传统单片机已满足不了用户需求,用户需要更高性能的处理器来处理丰富的外设与复杂的数据,ShieldBuddy TC275 无疑占据了优势。一方面,其具有 3 核处理器,完全可以满足高速、高性能、高可靠性的需求;另一方面,ARDUINO 编程形式也拉近了 ShieldBuddy TC275 与一般单片机开发者的距离。

1.4　本章小结

　　本章梳理了英飞凌微处理器系列产品,概述了英飞凌从 8 位微处理器到 16 位微处理器,再到 32 位微处理器的发展历程。在此基础上,介绍了英飞凌公司推出的多核单片机 AURIX™系列,以及世界上最小的 AURIX™开发板 ShieldBuddy TC275。

第 2 章　认识英飞凌 ShieldBuddy TC275

2.1　英飞凌 ShieldBuddy TC275

2.1.1　英飞凌 ShieldBuddy TC275

ShieldBuddy TC275 是目前世界上最小的 AURIX™ 开发板。它采用英飞凌 ShieldBuddy TC275 的 32 位多核处理器,符合 ARDUINO 标准,与大多数扩展板都兼容。用户既可以在 ARDUINO IDE 上对该开发板进行开发,也可以选择利用基于 Eclipse 的 "FreeEntryToolchain"工具链进行开发,这是一个 C 或 C++的开发环境,带有源代码级调试器。

这两种集成开发环境均基于英飞凌 iLLD(低级别驱动器)库,允许使用常见的类似于 C++的 ARDUINO 编程语言,如 digitalWrite ( )、analogRead ( )、Serial. print ( )之类的 ARDUINO I/O(输入/输出)函数,这些函数可以毫无限制地应用到 ShieldBuddy TC275 的 3 核编程中。然而,要充分利用 TC275 多核处理器还需要一些特殊的宏与函数。

2.1.2　ShieldBuddy TC275 单片机微处理器架构

ShieldBuddy TC275 单片机有 3 个 200 MHz、32 位的 CPU 内核,这 3 个内核的架构基本是相同的(图 2.1)。它们通过共享总线获得资源,分别有着独立的 RAM(随机存储器),但 Flash ROM(闪存)是共享的,外设(计时器、端口引脚、以太网、串行端口等)也是共享的,每个核都可以随意访问任何外设(图 2.2)。

ShieldBuddy TC275 单片机 CPU 内核的基本时间周期为 5 ns,这就意味着人们通常可以每微秒执行 150~200 条 32 位的指令,而 ARDUINO Uno 的 CPU 内核每微秒只能执行 16 条 8 位指令。另外,ShieldBuddy TC275 单片机的每个 CPU 内核都有一个浮点单元,所以使用浮点变量也不会明显地降低运行速度。鉴于 ShieldBuddy TC275 有如此强大的计算能力,它可以处理许多种外设也不足为奇了。

除 CAN 总线、ADC(模数转换器,位于总线中)、I²C(内部集成电路)、以太网、SPI(串行外设接口)之类的常见外设之外,ShieldBuddy TC275 单片机的信号测量和通用计时器模块(GTM)可能是所有微控制器中最强大的。与此同时,它还有着先进的、超高速的 Σ-Δ 型

A/D(模数转换器,位于微控制器中)转换器等。其中,GTM 模块具有脉冲产生和测量功能(包含 200 多个 I/O 通道),主要是为汽车动力系统控制和电机驱动而设计。与传统的计时器模块、时间处理单元等不同,GTM 可以毫无限制地工作在时域和角域中,这对于机械控制系统、开关磁阻电动机换向、曲轴同步等是特别有用的。GTM 有大约 3 000 个专用寄存器,使用 GTM 功能时不需要对这些寄存器有充分的了解。GTM 已经成功地应用于诸多领域中,特别是可以驱动 4 个三相电动机。而 ARDUINO 中的 analogWrite( )函数则是个利用 GTM 生成 PWM(脉冲宽度调制)信号的应用。还有一个计时器模块(GPT12)可以用于编码器接口。大多数端口引脚可产生直接中断。

　　鉴于这些外设需要 176 个引脚,而 ARDUINO Due 开发板只有 100 个引脚,所以有些功能不得不受限制。另外,ShieldBuddy TC275 的 32 通道模数转换器(ADC)被限制成了 12 通道,48 个 PWM 通道也被限制成了 12 个。当然如果需要的话,双行扩展接头可以提供更多的通道。

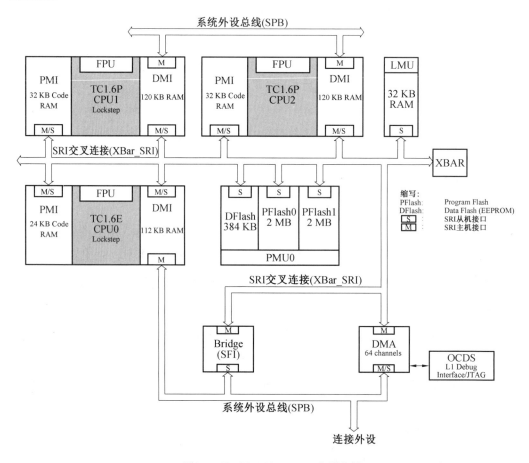

图2.1　ShieldBuddy TC275 内部布局

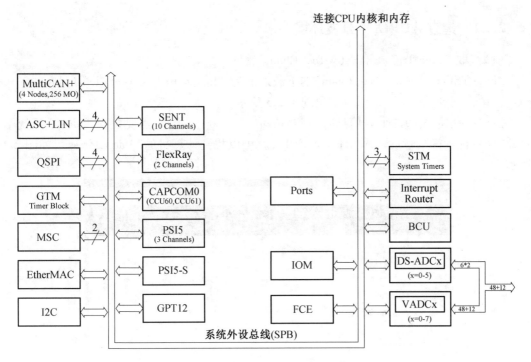

图2.2   ShieldBuddy TC275 开发板外设

2.2   英飞凌 ARDUINO 开发环境的搭建

"Free TriCore™ Entry Tool Chain"是来自德国 HighTec 公司的 TriCore™ 入门级集成开发环境,该开发环境中包含一年免费的"license key",可以与 TriCore™ 开发板结合使用。

"Free TriCore™ Entry Tool Chain"的基本特征如下。

(1)基于 Eclipse 的集成开发环境。

(2)高效的 GNU 编译器。

(3)可以从 DAVETM 项目文件中直接导入生成 HighTec 项目文件。

(4)集成功能强大,并且易于使用的 PLS UDE 调试器(支持 OCDS level 1 调试:断点、单步调试)。

要安装"Free TriCore™ Entry Tool Chain"软件程序,计算机中必须包含如下软件才可运行该程序。

(1)Microsoft .NETTM Framework 3.5 SP1。

(2)Microsoft Windows@ Scripting Host V5.6。

(3)Microsoft Internet Explorer 10 或者更高版本。

(4)Java RuntimeEnvironmetn v8 (32-bit version)。

(5)Adobe@ Acrobat Reader 10.0 版本或者更高版本。

2.2.1　建立 AURIX™开发环境

（1）获取"Free TriCore™ Entry Tool Chain"软件。

"Free TriCore™ Entry Tool Chain"的下载地址为：https：//free-entry-toolchain.hightec-rt.com／。单击网址，进入下载地址后，出现图 2.3 所示界面。

注意：在填写右边的个人信息时，需要填写"Mac address"，这需要在"Windows"系统下打开"命令提示符"，然后输入"ipconfig /all"，就可以找到计算机的"Mac address"，如图 2.4 所示。

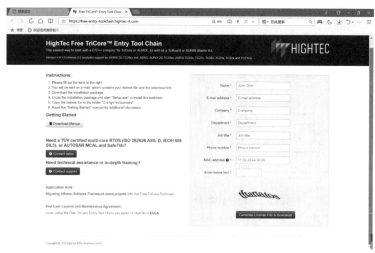

图2.3　"Free TriCore™ Entry Tool Chain"软件的下载界面

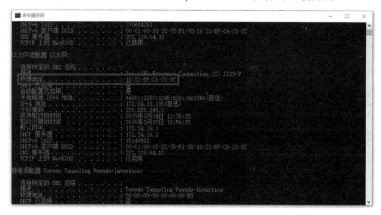

图2.4　获取 Mac address 信息

（2）安装"Free TriCore™ Entry Tool Chain"。

解压缩"Free TriCore™ Entry Tool Chain"后，运行安装程序"setup.exe"，出现"Free TriCore™ Entry Tool Chain"对话框，如图 2.5 所示。

等待几秒钟后，出现许可协议对话框，如图 2.6 所示，仔细阅读后，勾选"Yes，I agree with all the terms of this license agreement"，单击"Next"按钮进入下一步，若选择"Cancel"按钮，则退出安装程序。

单击"Next"按钮，出现如图 2.7 所示配置文件对话框。选择为当前用户"Current User"，或为计算机所有的用户"All Users"配置文件。

　　选择"Current User"选项,单击"Next"按钮,出现选择安装目录文件夹对话框,使用默认或其他安装目录,通过"Browse…"按钮可修改安装目录,如图 2.8 所示。

图2.5　"Free TriCore™ Entry Tool Chain"对话框

图2.6　许可协议对话框

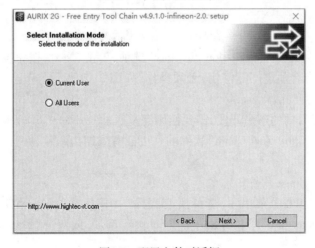

图2.7　配置文件对话框

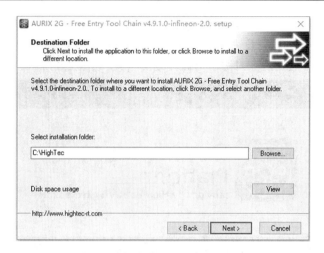

图2.8　选择安装目录文件夹对话框

单击"Next"按钮,选择安装位置,"To the root of the installation directory"是指安装到根目录下,"Into the toolchain directory"是指创建新的子文件夹进行安装,安装位置对话框如图2.9 所示。

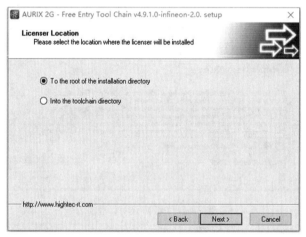

图2.9　安装位置对话框

选择"To the root of the installation directory"选项,单击"Next"按钮,会出现产品选择对话框。这里软件包带有预定产品密钥,无须操作,如图 2.10 所示。单击"Next"按钮进入即可完成软件安装。

注意:对于商业目的的产品开发,需要使用完整版的"TriCore™ Development Platform"。

"Free TriCore™ Entry Tool Chain"软件的许可证有效期为一年,并且仅限 TriCore™评估板的应用。

(3)首次启动 Eclipse 软件。

从 Windows 的"开始"菜单中,选择所有程序"AURIX™ 2G-Free TriCore™ Entry Tool Chain v4.9.1.0-infineon-2.0"下拉界面中的"Eclipse"选项,或双击"Eclipse for TriCore™"桌面图标,如图 2.11 所示。

双击图 2.11 的" ",出现工作区启动器对话框,如图 2.12 所示。

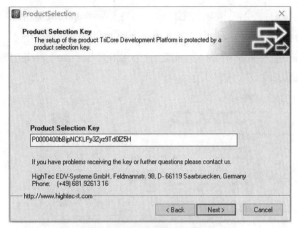

图2.10　产品选择对话框

(a)　　(b)

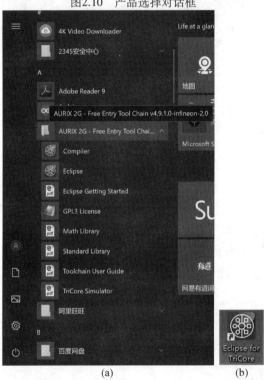

图2.11　下拉的界面和“Eclipse for TriCore™”桌面图标

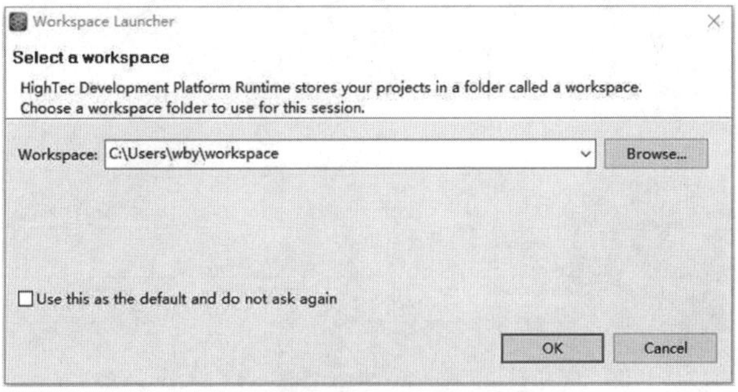

图2.12　工作区启动器对话框

在图 2.12 中，输入工作空间目录路径，例如 D：\Workspace，如果目录不存在，将创建新目录；如果不选择，将采用现有目录作为 Eclipse 的工作区。

单击"OK"按钮将进入激活界面，添加之前下载的"license"后将出现激活与注册许可证对话框，如图 2.13 所示。

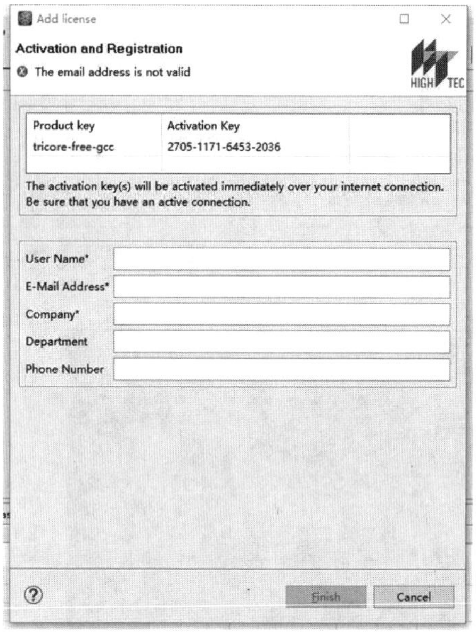

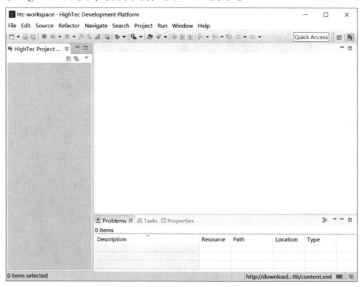

图2.13　激活与注册许可证对话框

在图 2.13 中，需要填写用户名"User Name"、电子邮件"E‑Mail Address"、公司"Company"、部门"Department"和电话"Phone Number"。

按要求填写完成后将生成许可证，许可证位于"HTC_LICENSES"指向的目录中，并可在 Eclipse 的许可证管理器页面中查询。

完成后得到 HighTec 开发平台界面，如图 2.14 所示。

图2.14　HighTec 开发平台界面

2.2.2　建立英飞凌 ShieldBuddy TC275 开发板的开发环境

如果之前没有使用过 ARDUINO 型号的开发板,可以在网站"www.arduino.cc"上查看相关信息。ShieldBuddy TC275 包含 3 个 32 位 200 MHz 的处理器,尽管如此,它仍然可以与 ARDUINO Uno 开发板兼容。

在建立英飞凌 ARDUINO 开发环境之前,需要计算机配置如下软件。

(1)Windows Vista 以上系统的计算机。

(2)"Free TriCore™ Entry Tool Chain"软件。

(3)标准的 ARDUINO IDE 1.6.11 版本安装程序,可以打开如下网址进行下载:http://arduino.cc/download.php? f=/arduino-1.6.11-windows.exe。

同时,需要注意确保 ARDUINO IDE 程序安装在默认路径下,其界面如图 2.15 所示。

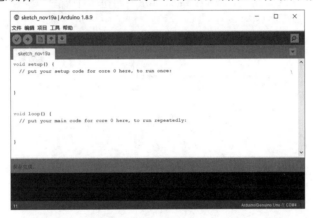

图2.15　ARDUINO IDE 1.6.11 版本界面

(4)用于"Eclipse"软件与"ARDUINO IDE"软件的 ARDUINO 开发环境插件,可以按照如下网址进行下载: http://www.hitex.co.uk/fileadmin/uk-files/downloads/ShieldBuddy/ShieldBuddyMulticoreIDE.zip。

压缩文件的解压密码是"ShieldBuddy",请按照 AURIX™ freetoolchain、ARDUINO IDE、ShieldBuddy IDE 的顺序进行安装。注意:如果出现 ARDUINO IDE 与 ShieldBuddy IDE 有两个串口的情况,请选择号码较大的那个。

解压"ShieldBuddyMulticoreIDE.zip",运行安装程序"ShieldBuddyMulticoreIDE.exe"后出现许可协议对话框,如图 2.16 所示,勾选"I accept the agreement"选项后,单击"Next"按钮进入下一步,单击"Cancel"按钮退出安装程序。

在下一步对话框中,需要输入安装密码"ShieldBuddy",如图 2.17 所示,单击"Next"按钮后即可进入路径选择对话框。

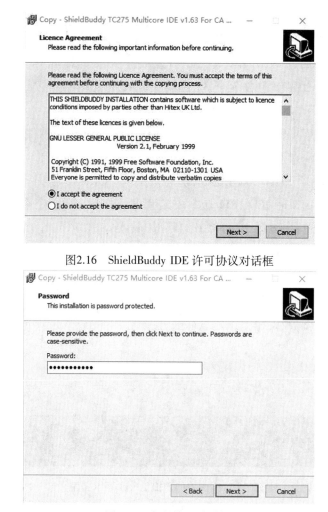

图2.16 ShieldBuddy IDE 许可协议对话框

图2.17 密码输入对话框

在路径选择对话框中,选择软件的安装路径,推荐使用默认路径进行安装,如图 2.18 所示。

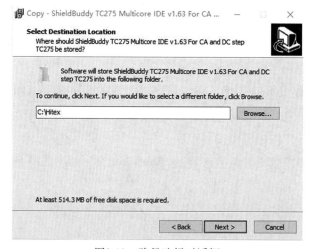

图2.18 路径选择对话框

　　路径选择完成后单击"Next"按钮出现安装界面,如图 2.19 所示,单击"Copy"按钮即可完成安装。

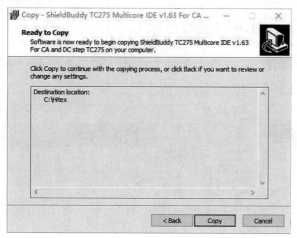

图2.19　安装界面

2.2.3　Eclipse IDE 的使用

　　打开软件"Eclipse for TriCore™",并输入工作区路径"C：\ Hitex \ AURDuinoIDE \ Eclipse",如图 2.20 所示。

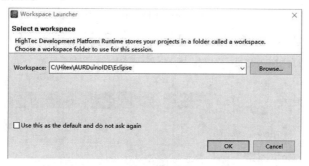

图2.20　Eclipse 软件路径选择界面

　　默认的项目是"ARDUINOMulticoreUser",其界面如图 2.21 所示。

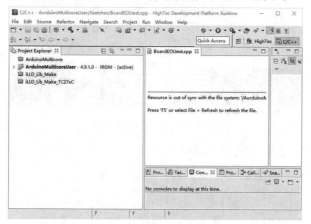

图2.21　ARDUINOMulticoreUser 项目界面

ARDUINO 的项目存储在项目浏览器中。软件默认的项目名为"empty.cpp",是一个使用所有 3 个核心处理器的简单程序。

2.2.4　ARDUINO IDE 的使用

打开 ARDUINO IDE 界面后,单击"工具"菜单,进入子菜单,选择开发板:"ShieldBuddyTC275",如图 2.22 所示。

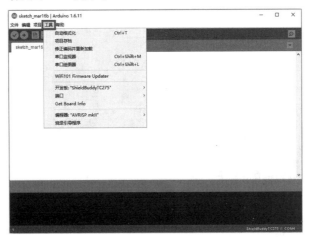

图2.22　ARDUINO IDE 界面

进入开发板型号选择界面,如图 2.23 所示,选择"ShieldBuddyTC275"或"ShieldBuddyTC275_Dx"(这取决于开发板具体型号)。

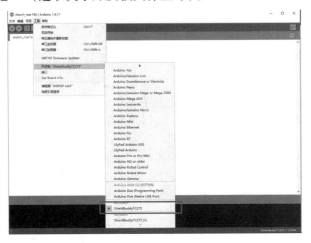

图2.23　开发板型号选择界面

在 ARDUINO IDE 上编写完程序后单击"编译""上传",便可将程序烧录进 ShieldBuddy TC275 中,之后按下开发板上的复位按钮,程序便开始运行了。

2.3　本 章 小 结

　　本章介绍了英飞凌 ShieldBuddy TC275 及其微处理器架构和详细的开发环境搭建方法，其中包括"Free TriCore™ Entry Tool Chain"软件和 ARDUINO IDE 插件的安装方法，为后续章节在英飞凌 ARDUINO 开发板上编程和实验提供完整的软件环境。

第3章　面向 ARDUINO 的 C 和 C++ 基础

串口监视器是 ARDUINO IDE 的一个组件,通过单击工具栏最右边的图标打开图 3.1 所示窗口。

图3.1　串口监视器

串口监视器的作用是让计算机与 ARDUINO 通信,可以在文本输入区输入信息,按回车键或者单击"发送"按钮,它将会把信息发送给 ARDUINO。同时,如果 ARDUINO 有信息想要传递,也会在串口监视器里显示出来,信息通过 USB(通用串行总线)传输。

C 语言实验方法及其步骤:

(1)把要测试的 C 语言语句放到 setup( ) 函数中。

(2)在 ARDUINO 上运行,把输出结果显示到串口监视器上。

有一个内建函数可以在项目中用来往串口监视器返回信息,那就是 Serial.println( )。而且它只需要一个参数,此参数构成想要发送的信息,信息通常是一个变量。

用这种方法来测试 C 语言的变量和算法,这也是看到 C 语言实验结果的唯一方法。例如下面的程序,图 3.2 所示为测试程序运行结果。

```
void setup( ) {
    //put your setup code here,to run once:
    Serial.begin(9600);
    int a = 20;
    int b;
    int c = a * 9/5+32;
    Serial.println(c);
    Serial.println(1234567890);
    Serial.println("take");
}
```

```
void loop( ) {
    // put your main code here, to run repeatedly:
}
```

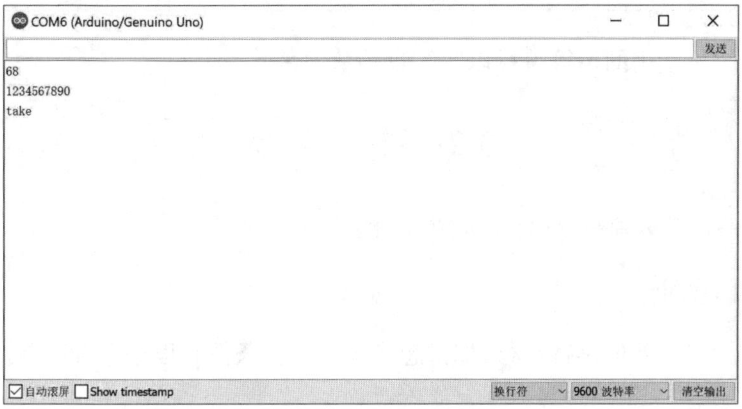

图3.2　测试程序运行结果

3.1　数字变量和运算式

数字变量用于存储数字信息。

例如:

delayPeriod = delayPeriod+100;

这一行代码是由变量名、等号和运算式组成的,它赋予变量一个新的值,这个值由等号和分号之间的运算式决定。这一行代码表示赋予变量"delayPeriod"的新值是在原值的基础上加 100。

举一个稍微复杂点的例子,将摄氏温度换算成华氏温度,摄氏温度乘 9,然后除以 5,再加上 32。代码如下:

```
void setup ( )
{
    Serial.begin(9600);
    int degC = 20;
    int degF;
    degF = degC * 9/5+32;
    Serial.println(degF);
}
void loop( ) {

}
```

这里有一行代码:

int degC = 20;

这一行代码做了两件事,声明了一个变量名为 degC 的整数变量,而且将初始值设为

20。任何变量只能声明一次变量的类型,但是可以多次赋值。

根据公式,将结果赋值给 degF。运算符是有计算顺序的,和平时算术顺序一样,但有时会用括号使算式更清晰:

$$degF = ((degC * 9)/5) + 32;$$

接下来介绍不常用的运算符号以及大量的数学函数。

3.2　指　　令

C 语言有一部分内建指令,详细介绍及用法如下。

3.2.1　if 语句

程序会被无一例外地逐行执行,如果想在满足某些条件时程序不再逐行执行,就需要用到 if 语句。

在 LED(发光二极管)小灯闪烁实验中,LED 的闪烁速度会越来越慢,最后闪烁都要以小时计。若想让它慢到一定程度时重新回到开始闪烁的速度,可按如下方式修改程序。

在原程序末尾加上如下代码:

```
int ledPin = 13;
int delayPeriod = 100;
void setup()
{
    pinMode(ledPin, OUTPUT);
}
void loop()
{
    digitalWrite(ledPin, HIGH);
    delay(delayPeriod);
    digitalWrite(ledPin, LOW);
    delay(delayPeriod);
    delayPeriod = delayPeriod + 100;
    if (delayPeriod > 3000)
    {
        delayPeriod = 100;
    }
}
```

条件语句的括号内并不是参数,而是一个条件,即如果"delayPeriod>3000"的条件成立,则运行大括号内的语句,将"delayPeriod"的值设定为100;如果条件不成立,则继续进行其他操作。

比较运算符用于表示条件,其含义见表3.1。

表 3.1　比较运算符含义

运算符	含义
<	小于
>	大于
<=	小于等于
>=	大于等于
==	等于
!=	不等于

3.2.2　for 循环语句

除了在不同情况下执行不同命令,还经常需要多次执行一个命令,此时就需要用到 for 循环语句。

```
int ledPin = 13;
int delayPeriod = 100;
void setup()
{
   pinMode(ledPin,OUTPUT);
}
void loop()
{
   for(int i = 0;i<20;i++)
   {
     digitalWrite(ledPin,HIGH);
     delay(delayPeriod);
     digitalWrite(ledPin,LOW);
     delay(delayPeriod);
   }
   delay(3000);
}
```

程序中,"i++"是"i=i+1"的缩写。

for 循环语句小括号内参数用分号隔开。第一部分是变量声明,将一个变量指定为计数器变量,并赋予初始值;第二部分是条件判断,留在循环中的条件只要满足 i<20,都将运行循环中的指令,不符合条件则跳出循环;最后一部分是操作指令,即每次在 loop( )完成后要执行的操作,例如完成一次循环计数器加一。

这种方法有一个潜在的缺点,就是 loop( )函数运行时间较长,这不算严重的问题,但是处理器被一个 for 循环占用时就不能做其他操作,所以可以用 if 语句来代替 for 循环。运行一次,计数器加一;如果计数器满足某一条件,则停止运行。

```
int ledPin = 13;
```

```
int delayPeriod = 100;
int count = 0;
void setup( )
{
  pinMode(ledPin, OUTPUT);
}
void loop( )
{
  digitalWrite(ledPin, HIGH);
  delay(delayPeriod);
  digitalWrite(ledPin, LOW);
  delay(delayPeriod);
  count++;
  if ( count = = 20)
  {   count = 0;
    delay(3000);
  }
}
```

3.2.3　while 循环

在 C 语言编程中，for 循环的编程可以用 while 循环的编程代替。

```
int ledPin = 13;
int delayPeriod = 100;
int i = 0;
void setup( )
{
  pinMode(ledPin, OUTPUT);
}
void loop( )
{
  while ( i<20)
  {
    digitalWrite(ledPin, HIGH);
    delay(delayPeriod);
    digitalWrite(ledPin, LOW);
    delay(delayPeriod);
    i++;
  }
}
```

若想留在循环中,则 while 后面小括号中的表达式必须为真,否则项目将继续大括号后的指令。

3.2.4　#define 指令

在项目运行过程中,像端口的分配这样的常数值是不会改变的,除了使用变量外还有另一种方法,即可以使用#define 指令把一个值和一个名称关联起来,项目中出现这个名称的地方都将在编译前用那个值来取代。

例如,可以通过这样定义来将 LED 分配给某个端口:

```
#define ledPin 13
```

注意:#define 指令并没有在名称和值之间统一,它甚至不需要在结尾处使用分号。这是因为它并不是 C 语言本身的一部分,而是预编译指令,在编译之前被运行。

本书作者认为,这种方法比使用变量要麻烦,但好处是不需要耗费内存来存放它们,在内存紧张的时候使用#define 指令不失为一个很好的办法。

3.3　本 章 小 结

本章开始了 C 语言的学习,实现了让 LED 以多种有趣的方式闪烁,并且可以使用 serial.println( )函数将结果通过 USB 返回,还介绍了怎样用 if 和 for 语句来控制命令被执行的顺序,以及怎样用 ARDUINO 来做算术。

下一章将着重介绍函数,还会介绍除了整数(int)以外的其他几种变量类型。

第4章 函　　数

本章将着重介绍除了 digitalWrite 和 delay 这样已经定义好的内建函数之外的可以自定义的函数类型。

需要自定义函数的原因是，随着项目变得复杂，setup( )和 loop( )函数将会变得更长、更复杂，以至于最后很难看出它们是怎样工作的。

任何种类的软件开发，所面临的最大问题都是对复杂度的控制。想写出可读性好而且不会因为简单的改动就让整个程序变得一团糟的项目，定义合适的函数是关键。

4.1　什么是函数

函数就是程序中的程序，可以在项目中的任何位置被调用，它包含自己的变量和自己的一串指令。当这些指令被运行完以后，程序回到调用函数后的位置开始运行。

例如，实现 LED 闪烁的功能就是将指定代码放到一个函数中，自定义一个函数 flash( )：

```
int ledPin = 13;
int delayPeriod = 250;
void setup( )
{
  pinMode (ledPin, OUTPUT) ;
}
void loop( )
{
  for( int i=0;i<20;i++) ;
{
flash( ) ;
}
  delay(3000) ;
}
void flash( )
{
  digitalWrite (ledPin, HIGH) ;
  delay (delayPeriod) ;
  digitalWrite(ledPin, LOW) ;
  delay (delayPeriod) ;
}
```

实际上,只是把负责使 LED 闪烁的代码从 for 循环中移到一个为它们创建的名为 flash( )的函数中。现在,可以写一个 flash( )来调用新函数,使 LED 可根据需要闪烁。其中用到的延迟已经在变量 delayPeriod 中被设定好了。

4.2 参 数

在把项目划分为一个个的函数时,通常值得考虑的是这些函数可以实现哪些功能,在函数 flash( )的例子中这点是显而易见的。

现在,给函数两个参数,告诉它需要闪烁多少次和每次闪烁的时间。阅读下面的程序,然后理解参数是怎样工作的。

```
int ledPin = 13;
int delayPeriod = 250;
void setup ( )
{
  pinMode(ledPin, OUTPUT);
}
void loop ( )
{
  flash(20, delayPeriod);
  delay(3000);
}
void flash(int numFlashes, int d )
{
  for (int i = 0; i < numFlashes; i ++)
  {
    digitalWrite(ledPin, HIGH);
    delay(d);
    digitalWrite (ledPin, LOW);
    delay(d);
  }
}
```

注意函数 loop( ),会发现里面只有两行,详细的工作交给了函数 flash( ),括号里给了 flash( )两个参数。在项目的最下面,定义函数的地方,声明了变量的类型,它们都是整数。这实际上是在定义新的变量,但是这些变量"numFlashes"和"d"都只能在函数 flash( )内部使用。

这是一个很好用的函数,因为它包含了使 LED 闪烁所需的一切,它需要从外界获取的唯一信息就是 LED 在哪个针脚上。也可以将其做成一个参数,使工作简化。

4.3　全局、局部和静态变量

如前所述,一个函数的参数只可在该函数内部使用,如果写成下面的代码形式,将会收到错误提示:

```
void indicate( int x)
{
  flash( x, 10);
}
  x = 15;
```

或

```
int x;
void indicate( int x)
{
  flash( x, 10);
}
x = 15;
```

这段代码在编译的时候不会出错,但是现在有 2 个名为"x"的变量,并且它们可以有不同的值。在第 1 行中声明的"x"被称为全局变量,之所以被称为全局变量,是因为它可以在程序中的任何地方使用,包括任何函数内。但是,因为在函数里也使用了相同变量名的"x"作为一个参数,就不能再简单地使用那个全局变量"x"了。因为当在函数内提到变量"x"时,函数内部"x"的优先级较高,它会覆盖同名的全局变量,这将会给程序出现 Debug 的时候造成混淆。

除了定义参数,还可以定义不是参数的变量,但仍然只可以在函数内部使用,这就是局部变量。

```
void indicate( int x)
{
  int timesToFlash = x * 2;
  flash( timesToFlash, 10);
}
```

局部变量 timesToFlash 只有在函数运行时才会出现,当该函数运行完最后一行代码后就会立刻消失。这意味着,局部变量只能在它被定义的函数中使用。

举个例子,下面程序会导致出错:

```
void indicate( int x)
{
  int timesToFlash = x * 2;
  flash( timesToFlash, 10);
}
int timesToFlash = 15;
```

经验丰富的程序员在处理全局变量时往往持怀疑态度,因为它们不利于封装的主体。封装的概念是指把具有某一功能的代码包含在一个"包裹"内。因此,函数可以说是封装的一个很好的例子。全局变量的问题是,它们往往在项目的开头就被定义,而且会在整个项目中被用到。有时这样做确实更方便,但当使用传递参数更合适时,人们往往会放弃使用全局变量。

到目前为止,在用过的例子中,"ledPin"就是一个全局变量,它可以非常方便地在项目开始的地方被找到,这使修改它变得很简单。实际上"ledPin"是一个常量,因为即使修改了它并重新编译项目,也不可能允许变量在项目运行时改变。在这种情况下,最好使用第 3 章介绍的#define 指令。

局部变量的另一个特点是,它们的值在函数每次运行时都会被初始化,这在项目的函数 loop( )中是最为常见的,而且常常很不方便。下面的例子是将一个局部变量转化成全局变量。

```
int ledPin = 13;
int delayPeriod = 250;
void setup( )
{
  pinMode (ledPin, OUTPUT);
}
void loop( )
{
  int count = 0;
  digitalWrite(ledPin, HIGH);
  delay (delayPeriod);
  digitalWrite(ledPin, LOW);
  delay (delayPeriod);
  count ++;
  if (count = = 20)
  {
    count = 0;
    delay(3000);
  }
}
```

例子中用了一个局部变量转化成全局变量的 LED 闪烁计数器。

这个例子是错误的,它不可能正常工作,因为每次函数 loop( )运行时,变量 count 将会被重新赋值为 0,所以 count 永远都不会等于 20,而 LED 也会一直闪烁下去。把 count 作为全局变量是为了使它不会被重置。因为只会在函数 loop( )中用到 count,所以应该把它放在项目开始的地方。

C 语言中有另一个机制来解决这一难题,那就是关键词"static(静态)"。如果在一个函数的变量声明前使用关键词"static",就会使变量只在函数第一次运行时被初始化。这正是这种情况所需要的,可以把变量放在它被用到的函数中,而且它还不会在函数再次运行时被重置为 0。

```
int ledPin = 13;
int delayPeriod = 250;
void setup ( )
{
  pinMode (ledPin, OUTPUT);
}
void loop( )
{
  static int count = 0;
  digitalWrite (ledPin, HIGH);
  delay (delayPeriod);
  digitalWrite (ledPin, LOW);
  delay (delayPeriod);
  count ++;
  if (count = = 20)
  {
    count = 0;
    delay (3000);
  }
}
```

4.4　返　回　值

在数学中,函数的输出完全由输入决定(参数),前面编写过很多带有输入的函数,但没有一个返回任何输出值,所有的函数都是 void 函数。如果函数可以返回一个输出值,那么便需要指定返回的类型。

写一个输入摄氏度,返回等效华氏温度值的函数:

```
int centToFaren( int c)
{
  int f = c * 9/5 + 32;
  return f;
}
```

现在定义函数不再以 void 开头,而是以 int 开头,表明此函数将给任何调用者返回一个整数。使用下面这样的一小段代码调用它:

```
int pleasantTemp = centToFaren(20);
```

任何非空函数都必须包含 return 语句,如果没有 return 语句,编译器会提示 return 缺失。可以在一个函数中写不止一个 return,这可能出现在使用 if 语句的时候。一些程序员对这个很头疼,但是如果函数很小(函数本应该很小),那么做起来并不难。跟在 return 后面的可以是一个表达式,并不一定非要是一个变量名,所以可以把前面的例子压缩为

```
int centToFaren( int c)
{
    int f = c * 9/5+32;
    return ( f = c * 9/5+32) ;
}
```

如果返回的是一个表达式,而不是一个变量名,那么表达式需要被括在括号里(见刚刚提到的例子)。

4.5　其他变量类型

目前,书中只提到过整数型的变量,这也是现在最常用的变量类型,但还有一些其他的变量类型。

4.5.1　浮点数

浮点数即含有小数点的数,如 1.23。当只用数字表示已经不够精确的时候,就需要用到浮点数了。

```
float centToFaren( float c)
{
    float f = c * 9.0/5.0+ 32.0;
    return f;
}
```

注意:这里在常数后面都加上了".0",告诉编译器把它们当作浮点数而不是整数来处理。

4.5.2　布尔值

布尔值是一种逻辑值,不是"真"就是"假"。在 C 语言中,布尔用一个小写的字母"b"(bollean)"表示;但在一般使用中 Bollean 要首字母大写,它是以发明它的数学家 George Boole 的名字命名的。

布尔逻辑运算体系对计算机科学至关重要,在前面学习 if 语句的时候就已经见过布尔值了。if 语句中的条件"count==20"实际上就是一个得到布尔运算结果的表达式。运算符"=="被称为比较运算符。就像"+"是一个可以将两数相加的运算符一样,"=="是比较两个数,然后返回"真"或"假"的一个运算符。可以像下面一样定义和使用布尔变量:

```
boolean tooBig = ( x>10) ;
if ( tooBig)
{
    x = 5;
}
```

布尔值可以用布尔运算符来操作。所以类似于算术运算,也可以对布尔值进行运算,最常用的布尔运算符是"&&(与运算)"和"||(或运算)":

if ((x>10)&&(x<50))

4.5.3　其他数据类型

显而易见,用整数和浮点数已经可以应付大部分情况。但是,在一些情况下,也会用到一些其他数据类型。在 ARDUINO 项目中,整数可以占 16 位(二进制数字),即-32 767~32 768之间的整数都可以使用整数型变量。C 语言中的数据类型见表 4.1(此表主要作为参考)。

表 4.1　C 语言中的数据类型

类型	占内存 (字节)	范围	注释
Boolean	1	真或假(0 或 1)	布尔类型,C++中所独有
char	1	-128~+128	用来存放 ASCII 字符,负数形式不常用
byte	1	0~255	位型
int	2	-32 768~+32 767	基本整型
unsigned int	2	0~65 536	整数之间运算,可能导致不想出现的结果。
long	4	-2 147 483 648~2 147 483 647	长整型只用来存放超大的数
unsigned long	4	0~4 294 967 295	无符号长整型
float	4	$-3.402\ 823\ 5\times10^{38}\sim3.402\ 823\ 5\times10^{38}$	单精度型,它通常可以占 8 个字节
double	4	$-3.402\ 823\ 5\times10^{38}\sim3.402\ 823\ 5\times10^{38}$	双精度型,精度高,但在ARDUINO中与 float 一样

需要注意的是,不同的数据类型有不同的数值范围,如果数值超出了所使用的数据类型的范围,会有奇怪的事情发生。例如,给值为 255 的 byte 型变量加 1,它的值会变为 0;还如给值为 32 767 的整数型变量加 1,那么它的值将变为-32 768。因此在完全熟悉这些数据类型之前,建议使用整数型。

4.6　编　程　风　格

C 语言编译器并不太在意怎样放置代码,甚至可以允许把所有的代码都写在一行里,只要语句之间有分号相隔。但是,整齐美观的代码比乱七八糟的代码更容易阅读和维护。读代码和读书一样,格式很重要。

在某种程度上,格式体现一个程序员的品位,所以编程风格也是讨论热点。当需要对别人的代码进行操作时,先将其整理成自己喜欢的排列风格,是程序员常做的事情。C 语言是有一个多年以来被公认的标准的,而本书也基本遵照这一标准。

4.6.1　首行缩进

在范例项目中可以看到,常常在左侧缩进代码。如定义一个空函数时,关键词 void 在最左侧,和下面一行中的大括号对齐,接下来大括号里所有的内容都要缩进。缩进几格并不重要,有人用 2 格,有人用 4 格,也可以使用 Tab 键来缩进。

如果在函数定义中使用了 if 语句,那么 if 语句的大括号中的代码行都需要再多缩进 2 格,如下:

```
void loop( )
{
  static int count = 0;
  count ++;
  if (count == 20)
  {
    count = 0;
    delay (3000);
  }
}
```

如果在第一个 if 中再套一个 if,那么就要缩进 6 格。

4.6.2　大括号

定义函数或在 if 语句、for 语句中放置第一个大括号时,有两种放法,一种是另起一行,另一种是放在语句或者函数定义的同一行中。

```
void loop( )
{
  static int count = 0;
  count ++;
  if (count == 20)
```

```
    {
      count = 0;
      delay (3000);
    }
}
```

4.6.3 留空

编译器会忽略空格和另起行,只是将它们用作区分项目中命令和单词的工具,因此下面
代码可以顺利通过编译:

```
void loop( ) {    static int count = 0;    count ++;    if (count = = 20)        {        count = 0;
delay (3000);    }}
```

上述书写确实没有问题,但要让别人读懂就困难了。

在赋值时,有人这样写:

int   a = 10 ;

也有人这样写:

int a = 10 ;

用哪种方法都可以,关键是要保证前后一致。

4.6.4 注释

针对注释的两种语法格式:

(1)单行的注释用//开头,并写在此行的结尾处。

(2)多行的注释用/ * 开头,并用 * /结束。

好的注释可以帮助说明项目中发生了什么,或介绍项目的使用方法。别人使用有注释
的项目时会很方便。同时,当编写者隔了一段时间重新回到这个项目时,也可以在注释的帮
助下快速地重新开始。可能有人在上编程课时希望注释越多越好,但是大多数经验丰富的
程序员会告诉你,写得好的程序只需要很少的注释,因为程序本身就是很好的注释。

编写者应该只因为以下的原因使用注释:

(1)用来解释较为技巧性的东西,或者解释那些不能立刻见效的代码。

(2)用来描述需要用户操作的地方,而这些操作并不是程序的一部分,例如:"//此针应
被连接到晶体管来控制延迟;"。

(3)给自己写备忘录,例如:"//todo:整理这里。"。

编写者不应该因为以下的原因使用注释:

(1)解释再明白不过的事情,例如:"a=a+1//给 a 加上 1;"。

(2)解释写得不好的代码,它们需要的不是解释,而是改正。

4.7 本 章 小 结

本章内容是 C 语言基础,目的是帮助读者把自己的项目(sketch)变成一个函数集合,并养成一种良好的编程风格,以便阅读和修改完善,进而节省更多的时间。

第5章 数组和字符串

本章将介绍编程中所使用的数据,介绍合理地使用构架数据来让事情变得简单的方法。如果说一个人是优秀的程序员,那他一定具备化繁为简的能力。

5.1 数　　组

数组是包含一组值的,而且可以通过它们在数组中的位置来访问它们。

C 语言和大多数语言一样,目录的起始是 0 而不是 1。也就是说,数组中的第 1 个元素其实是元素 0。

例如,创建一个利用 ARDUINO 板载 LED 来不断闪烁出摩尔斯电码的 SOS。

摩尔斯电码在 19 世纪和 20 世纪曾是非常重要的通信手段。因为它将字母编码为一串长短不一的点或线,所以摩尔斯电码可以通过电话线、无线电或信号灯来传输。SOS(Save Our Souls)这 3 个字母现在仍然是国际通用的求救信号。

字母 S 用 3 个短闪来表示,字母 O 则用 3 个长闪来表示。可以使用一个整数型的数组来决定每次闪烁的长度,然后用 for 循环来逐个使用数组里的时长值,做出合适时长的闪烁。

下面创建一个含有闪烁时长的整数型数组:

int durations[ ] = {200,200,200,500,500,500,200,200,200};

定义一个包含数组的变量要在变量名后面加上[ ]。

本例中,在创建数组时就设置好每次闪烁的时长值。语法为在大括号中列出这些值,并用逗号分开,结束时用分号。

用方括号来访问数组中的每一个元素。例如,若要访问数组中的第 1 个元素,可以这样写:

```
// 项目 5-1
int durations[ ] = {200,200,200,500,500,500,200,200,200};
void setup( )
{
  Serial.begin(9600);
  for ( int i=0;i<9;i++)
  {
    Serial.println(durations[i]);
  }
}
void loop( )
{}
```

加载项目 5-1 程序,运行得到图 5.1 所示结果。

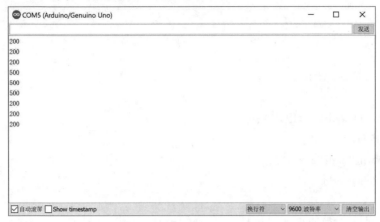

图5.1　项目 5-1 运行结果

如果想要在数组中添加更多的时长值,只需要在大括号里加上新值,然后把 for 循环中的 9 改成数组现在的大小即可。

使用数组的时候要谨慎一些,因为编译器不会阻止访问数组范围以外的元素。这是因为,数组中的元素实际上是指向对应的内存地址的。

程序把数组中的数据(包括一般的变量和数组)都存储在内存中。把 ARDUINO 的内存想象成一些文件柜中的抽屉会比较容易理解,9 个元素的数组相当于占用了 9 个抽屉,每个元素对应一个抽屉,变量指向抽屉或数组中的元素。对于访问超出数组范围的元素,可以理解为虽然抽屉中没有东西但是仍然可以打开它。如果要访问 durations[10],那么仍然会得到一个整数,但这个整数的值会是随机的。这本身并没有什么害处,但是如果不小心得到了一个数组以外的值,就可能让项目得到一个错误的结果。然而更糟的情况是,如果改变一个数组范围以外的数据值,如程序中有像下面这么一行,结果一般会让项目崩溃:

durations[10]=0;

标号为"durations[10]"的抽屉可能正在被其他完全不同的变量所占据。所以务必要记住,永远不要访问超出数组范围以外的值。如果项目运行有异,别忘了检查这方面。

项目 5-2 是用数组来实现 SOS 呼叫信号的。

```
//项目 5-2
int ledPin=13;
int durations[ ]={200,200,200,500,500,500,200,200,200};
void setup( )
{
  pinMode(ledPin,OUTPUT);
}
void loop( )
{
  for（ int i=0;i<9;i++)
    {
```

```
      flash(durations[i]);
    }
    delay(1000);
}
void flash(int delayPeriod)
{
    digitalWrite(ledPin, HIGH);
    delay(delayPeriod);
    digitalWrite(ledPin, LOW);
    delay(delayPeriod);
}
```

这种方法的一个很明显的优势是,可以通过改变 durations 数组来轻松改变要表达的信息。在项目 5-2 中,将用数组进一步制作含有更多意义的摩尔斯电码。

5.2　字符串数组

在计算机语言中,string 已经不是原本"绳串"的意思,而是一个字符的序列,是让 ARDUINO 可以处理字符的方法。例如,项目 5-3 将每秒向串口监视器发送一次"Hello"。

```
//项目 5-3
void setup()
{
    Serial.begin(9600);
}
void loop()
{
    Serial.println("Hello");
    delay(1000);
}
```

加载项目 5-3 程序,运行得到图 5.2 所示结果。

字符串变量和数组变量类似,有较为快捷的方式来定义其初始值。例如:

```
char name[] = "Hello";
```

它定义了一个字符的数组并将其初始化为单词"Hello",虽然前面的例子和现在所知道的数组的写法基本一致,但下面这样的写法更常见:

```
char name = "Hello";
```

这样写和前面的例子效果是一样的,□表示一个指针,意思是 name 指向 char 数组的第 1 个 char 元素,也就是字母 H 的内存地址。

可以用变量和一个字符串常量来重新写项目 5-3。

```
//项目 5-4
char message[] = "Hello";
```

```
void setup( )
{
    Serial.begin( 9600 ) ;
}
void loop( )
{
    Serial.println( message ) ;
    delay( 1000 ) ;
}
```

加载项目 5-4 程序,同样会得到图 5.2 所示结果。

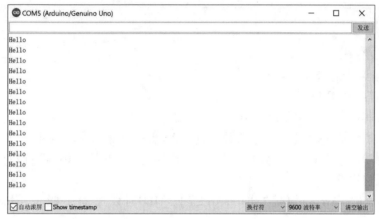

图5.2　项目 5-3 运行结果

5.3　本 章 小 结

　　C 语言中并不存在字符串这个数据类型,而是使用字符数组来保存字符串。那么,字符数组就一定是字符串吗? 其实不然,字符数组和字符串是完全不相同的两个概念,千万不要混淆。分析如下所示的示例代码。

```
#include <stdio.h>
#include <string.h>
int main( void )
{
    /* 字符数组赋初值 */
    char cArr[ ] = { 'I', 'L', 'O', 'V', 'E', 'C' } ;
    /* 字符串赋初值 */
    char sArr[ ] = "ILOVEC" ;
    /* 用 sizeof( ) 求长度 */
    printf( "cArr 的长度 = %d\n", sizeof( cArr ) ) ;
    printf( "sArr 的长度 = %d\n", sizeof( sArr ) ) ;
```

```
／＊用 strlen( )求长度 ＊／
printf("cArr 的长度 =%d\n", strlen(cArr));
printf("sArr 的长度 =%d\n", strlen(sArr));
／＊用 printf 的%s 打印内容 ＊／
printf("cArr 的内容 =%s\n", cArr);
printf("sArr 的内容 =%s\n", sArr);
return 0;
}
```

运行结果为：

cArr 的长度 = 6

sArr 的长度 = 7

cArr 的长度 = 7

sArr 的长度 = 6

cArr 的内容 = ILOVEC

sArr 的内容 = ILOVEC

从代码及其运行结果中可以看出如下几点。

（1）从概念上讲，cArr 是一个字符数组，而 sArr 是一个字符串。因此，对于 sArr，编译时会自动在末尾增加一个 null 字符（也就是'\0'，用十六进制表示为 0x00）；而对于 cArr，则不会自动增加任何字符。

记住，这里的 sArr 必须是"char sArr[7]="ILOVEC""，而不能是"char sArr[6]="ILOVEC""。

（2）"sizeof( )"运算符求的是字符数组的长度，而不是字符串长度。因此，对于"sizeof(cArr)"，其运行结果为 6；而对于 sizeof(sArr)，其运行结果为 7（之所以为 7，是因为 sArr 是一个字符串，编译时会自动在末尾增加一个 null 字符）。因此，分别采用以下形式赋初值：

```
／＊字符数组赋初值 ＊／
char cArr[ ] = {'I','L','O','V','E','C'};
／＊字符串赋初值 ＊／
char sArr[ ] ="ILOVEC";
```

（3）对于字符串 sArr，可以直接使用 printf 的%s 打印其内容；而对字符数组，很显然，使用 printf 的%s 打印其内容是不合适的。

通过对以上代码进行分析，现在可以很简单地得出字符数组和字符串二者之间的区别：对于字符数组，其长度是固定的，其中任何一个数组元素都可以为 null 字符，因此，字符数组不一定是字符串；对于字符串，它必须以 null 结尾，其后的字符不属于该字符串，字符串一定是字符数组，它是最后一个字符为 null 的字符数组。

第6章 英飞凌 ARDUINO 的输入和输出

现在,将 ShieldBuddy TC275 看作一种交互装置,这意味着会在其上附加其他电子元器件,所以需要理解怎样去使用它众多的连接针脚。输出可以是数字值号,也就是只有0 V或者5 V两个值;输出也可以是模拟信号,即可以把电压调节为0~5 V之间的任意值。

同样,输入也可以是数字信号(如检测一个按钮是否被按下)或者模拟信号(如从一个光传感器得到的信号)。

6.1 数 字 输 出

现在使用针脚4(D4)。为了弄清整个过程,需要将万用表连接到 ShieldBuddy TC275 板上。如果万用表有鳄鱼夹,只需把硬芯导线两端的绝缘层剥去,将鳄鱼夹夹在其中一端,另一端插在 ShieldBuddy TC275 板的 D4 上;如果没有鳄鱼夹,就需要把剥去绝缘层的导线缠绕在万用表的探针上。

万用表需要调节到直流0~20 V量程,负极线需要连接到板上的地线针脚(GND),正极线连接到 D4。硬芯导线端连接探针,另一端插到 ShieldBuddy TC275 板的接口针脚。

```
//数字输出
int outPin = 4;
void setup()
{
  pinMode(outPin, OUTPUT);
  SerialASC.begin(9600);
  SerialASC.println("Enter 1 or 0");
}
void loop()
{
  if (SerialASC.available() > 0);
  {
    char ch = SerialASC.read();
    if (ch == '1')
    {
      digitalWrite(outPin, HIGH);
```

```
      }
    else if ( ch = = '0' )
      {
        digitalWrite( outPin, LOW ) ;
      }
    }
  }
```

在上述程序开头,有一条"pinMode"命令,可以在项目中对用到的所有针脚都使用这一命令,目的是把 ShieldBuddy TC275 针脚连接到电子元器件上,并配置为输入或输出,如

pinMode (outPin, OUTPUT) ;

"pinMode"是一个内建函数,它的第 1 个参数涉及的针脚号是一个整数;第 2 个参数是使用模式,其值必须为"INPUT"(输入)或者"OUTPUT"(输入)。注意:模式名必须全部大写。

程序中的 loop( )函数等待从串口监视器发过来的"1"或"0"指令。若为"1",针脚 4 则被打开;若为"0",则关闭。

因为已经把万用表打开并连接至 ShieldBuddy TC275 板上,所以当在串口监视器中输入"0"或"1"并回车后,会看到万用表上的读数在 0~5 V 之间变化,图 6.1 所示为串口监视器输入,图 6.2 所示为使用万用表所测得的电压值。

(a)串口监视器输入"0"　　　　　　　　(b)串口监视器输入"1"

图6.1　串口监视器输入

如果板上标有"Digital"的针脚不够用了,也可以使用标有"Analogue"的针脚,为此只需要使用带有 A 的模拟针脚,例如可以通过修改第一行来使用 A0 针脚,并将万用表的正极探针连接到 A0 针脚。其他模拟针脚也可以通过相同方法来使用。

本节叙述的是数字信号的输出,下一节将介绍数字信号的输入。

(a)万用表测量的电压值显示"0"　　(b)万用表测量的电压值显示"4.90"

图6.2　万用表测量的电压值

6.2　数　字　输　入

数字输入最常见的用途是检测某个开关是否被关闭。数字输入值可以为"1"或"0";如果输入的电压小于 2.5 V(5 V 的一半),则为"0"(关);若大于 2.5 V,则为"1"(开)。

拔掉万用表,并将数字输入程序上传至 ShieldBuddy TC275。

```
//数字输入
int inputPin = 5;
void setup ( )
{
  pinMode ( inputPin, INPUT );
  SerialASC.begin(9600);
}
  void loop ( )
{
  int reading = digitalRead( inputPin );
  SerialASC.println( reading );
  delay( 1000 );
}
```

实验使用的是一个输出针脚,所以需要在 setup( )函数中告诉 ShieldBuddy TC275 把这个针脚作为输入来使用。通过使用函数 digitalRead( )得到数字输入的值,这个函数将返回"0"或"1"。

6.2.1　上拉电阻

"数字输入"程序以每秒 1 次的频率读取输入针脚,并将读取的值写到串口监视器里。那么上传"数字输入"程序后,再将串口监视器打开,就会看到一个每秒显示 1 次的值。接下来再将一截导线的一头插入 D5 接口,并用手捏住导线的另一头,保持几秒钟,观察串口监视器上显示的内容,会发现监视器显示的数值在"1"和"0"之间不断变化(图 6.3)。原因是 ShieldBuddy TC275 板的输入接口相当敏感,人的身体在这时候就相当于一根天线,并且是正在收集电子干扰的天线。

(a)用手来增加干扰信号　　　　(b)串口监视器显示的结果

图6.3　当用手来增加干扰信号时串口监视器显示的结果

将原本捏在手中的那一端插入+5 V 接口,串口监视器中的数值将变为持续的"1",如图 6.4 所示。

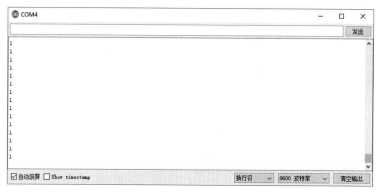

图6.4　捏在手中的那一端接入+5 V 电压后的串口监视器显示的结果

再将插在+5 V 接口的线头插到 GND 中,串口监视器中现在显示的是"0"了,如图 6.5 所示。

输入针脚的一个典型用法是将它并联至一个开关,图 6.6 所示为上拉电阻的标准使用方法。它的效果是在开关断开的情况下,电阻将输入上拉至 5 V;在开关闭合的情况下,上拉电阻被开关短路,电阻不起作用,让输入变为 0 V。这个方法有一个副作用,即当开关闭合时,5 V 将通过电阻产生电流。所以电阻要选得足够小,使其不会受任何电子干扰的影响;但电阻也不要选得过小,因为开关闭合时电流过大,会导致损耗的能量过大。

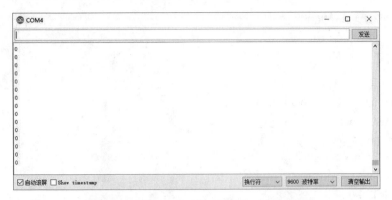

图6.5　插在+5 V 的线头插到 GND 中后的串口监视器显示的结果

图6.6　上拉电阻的标准使用方法

6.2.2　内部上拉电阻

ShieldBuddy TC275 板载数字针脚中内置了可以用软件调节的上拉电阻。默认情况下，它们是被关闭的，如果想让 D5 的上拉电阻生效，只需在"数字输入"程序中加上：

digitalWrite(inputPin, INPUT_PULLUP) ;

将这行程序放在 setup( )函数体中，并且将针脚定义为输入。

将"内部上拉电阻数字输入"程序上传，并再做一次人体天线测试，会发现这一次串口监视器上的数值保持在"1"了。

```
//内部上拉电阻数字输入
int inputPin = 5;
void setup( )
{
    digitalWrite( inputPin,INPUT_PULLUP) ;
```

```
  SerialASC.begin(9600);
}
void loop()
{
  int reading = digitalRead(inputPin);
  SerialASC.println(reading);
  delay(1000);
}
```

6.2.3 消抖

当按下按钮时,可能出现的结果就是从"1"到"0"之间的变化。图 6.7 所示为用示波器追踪按钮按动。按下按钮时,按钮中的金属触点会发生抖动,所以简单地按下按钮其实是一连串的按下动作。

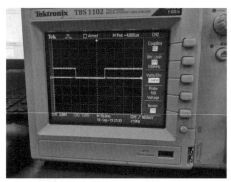

图6.7　用示波器追踪按钮按动

这一切都发生得很快,在示波器上显示的时间跨度仅仅为 200 ms。这种情况通常发生在老式触点式开关上,新式触摸式或微动开关可能根本不会产生抖动。

有时抖动根本不碍事。例如,下面实验将会在按下开关的时候点亮 LED,在现实中根本不需要用 ShieldBuddy TC275 来做这件事,这里只看理论。

```
//点亮 LED
int inputPin = 5;
int ledPin = 13;
void setup()
{
  pinMode(ledPin, OUTPUT);
  digitalWrite(inputPin, INPUT_PULLUP);
}
void loop()
{
  int switchOpen = digitalRead(inputPin);
  digitalWrite(ledPin, ! switchOpen);
}
```

观察点亮 LED 程序其中的 loop( )函数,函数读取数字输入并将其值赋予变量 switchOpen。如果按下按钮时值为"0",则不按时为"1"(针脚在不按按钮的时候被上拉为 "1")。当用 digitalWrite( )编程控制 LED 的时候,需要用"!"或者 not 运算符来翻转这个值。

将点亮 LED 程序上传并且连接到 D5 和 GND,会看到 LED 被点亮(图 6.8)。这时是有 可能发生抖动的,但它发生得太快,以至于看不到,没有什么影响。

在有一种情况下按钮抖动会产生影响,就是使用开关来切换 LED 的亮暗时。也就是 说,按下按钮时,LED 被点亮并保持长亮;若再按一次按钮,则关闭 LED。如果使用可能产 生抖动的按钮,那么 LED 的开或关就取决于抖动的次数是奇数还是偶数了。

(a)用导线连接到D5时的情况 (b)用导线连接到GND时的情况

图6.8 用导线连接到不同端的情况

LED 亮与灭程序仅仅是为了切换 LED 的亮与灭,并未做任何消抖的尝试。

```
//LED 亮与灭
int inputPin = 5;
int ledPin = 13;
int ledValue = LOW;

void setup ( )
{
  digitalMode( inputPin, INPUT_PULLUP);
  pinMode ( ledPin, OUTPUT) ;
}

void loop ( )
{
  if ( digitalRead ( inputPin) = = LOW )
  {
    ledValue = ! ledValue;
```

```
      digitalWrite (ledPin, ledValue);
    }
  }
```

可能会发现,有的时候 LED 切换了状态,有的时候却没有,这就是抖动造成的结果。解决这一问题的一个简单办法是,在检测到第一次按钮按下之后加上一个延迟,如"延时消抖"程序。

```
//延时消抖
int inputPin = 5;
int ledPin = 13;
int ledValue = LOW;
void setup( )
{
    digitalWrite(inputPin,INPUT_PULLUP);
    pinMode (ledPin, OUTPUT);
}
void loop( )
{
    if (digitalRead(inputPin) = - LOW)
    {
      ledValue = ! ledValue;
      digitalWrite (ledPin, ledValue);
      delay(500);
    }
}
```

加了一个延迟以后,在 500 ms 之内不会发生任何事,这么长的时间无论抖动多少次都足够了。这让切换变得更可靠。而一个有趣的副作用是,如果把按钮按住不松的话,LED 就会不停地闪。

如果这就是项目的全部,这个延迟当然没什么问题。但是如果要在 loop( ) 中做更多的事情,那么使用延迟方法就有问题了。程序在接下来的 500 ms 里将不会检测到其他任何按钮动作,并将引出一些不希望的显示结果。可以自己亲手写一些更高级的消抖代码。

幸运的是,有一些人已经完成了这部分工作。要使用他们的成果,必须将一个库添加到应用程序中。在网上下载库的 zip 文件,并将其安装到 ARDUINO IDE 中,从"项目"菜单中选择"加载库",再选择"添加.Zip 库...",将程序上传至 ShieldBuddy TC275。下面是 Bounce 库的使用程序。

```
//Bounce 库的使用
#include <Bounce2.h>
int inputPin = 5;
int ledPin = 13;
int ledValue = LOW;
```

```
Bounce bouncer = Bounce( );
void setup( )
{
  pinMode(ledPin, OUTPUT);
  pinMode(inputPin, INPUT_PULLUP);
  bouncer.attach(inputPin);
}
void loop( )
{
  if (bouncer.update( ) && bouncer.read( ) = = LOW)
  {
    ledValue = ! ledValue;
    digitalWrite(ledPin, ledValue);
  }
}
```

使用库文件非常简单,首先注意下面这行代码:

#include <Bounce2.h>

这行代码告诉编译器使用 Bounce 库,是必须的。

而对于下面这行代码:

Bounce bouncer =Bounce( );

是指设置了一个受保护对象 bouncer。

setup( )中新的一行代码使用 attach( )函数将 bouncer 链接到 inputPin。从现在开始,可以使用这个 bouncer 对象来检查开关正在做什么,而不是直接读取数字输入。它在输入引脚上放置了一种去抖动封装,所以下面这行代码决定了按钮是否被按下:

if (bouncer.update( ) && bouncer.read( ) = = LOW)

如果 bouncer 发生了某些变化,那么 update( )函数将返回 true,判断条件的第二部分检查按钮是否变为 LOW。

6.3 模 拟 输 出

ShieldBuddy TC275 板上的一部分数字针脚(数字针脚 2~13)可以提供 0 V 和 5 V 以外的可变输出。这些针脚在板上都被标有 PWM。PWM 代表脉冲宽度调制,旨在快速地实现控制输出。

脉冲一直是以固定的频率送达的(500 次/s),但脉冲的长度是变化的。如果脉冲很长,则 LED 会一直亮;如果脉冲很短,则 LED 只会被点亮很短的时间。由于发生得太快,因此观察者根本不能看出 LED 在闪烁,只能看出 LED 的亮度变化。

在做 LED 实验前,可以用万用表来测试。将万用表接在 GND 和 D3 之间,将模拟输出程序上传到 ShieldBuddy TC275 板上,打开串口监视器,输入数字 3 设置模拟输出电压并按下回车,如图 6.9 所示,也可以尝试输入 0~5 之间的任何数字。图 6.10 所示为测量模拟输出电压。

图6.9　设置模拟输出电压

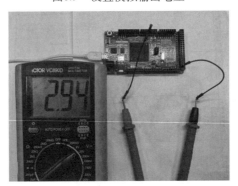

图6.10　测量模拟输出电压

```
//模拟输出
    void setup( )
    {
      pinMode(3, OUTPUT);
      SerialASC.begin(9600);
      SerialASC.println("Enter Volts 0 to 5");
    }
    void loop( )
    {
      if(SerialASC.available( ) > 0)
      {
        float volts = SerialASC.parseFloat( );
        int pwmValue = volts * 51.0;
        analogWrite(3, pwmValue);
        delay(10000);
        AnalogOut_3_Reset( );
```

```
      useCustomPwmFreq(3900);
      analogWrite(3, pwmValue);
    }
  }
```

程序通过将需要的电压值(0~5 V)乘以 51 来决定一个 0~255 之间的 PWM 输出值。useCustomPwmFreq()函数用来设置任意的 PWM 频率,可设置的最大频率为 390 kHz,最小频率为 6 Hz。例如要将频率设置为 3 900 Hz,则使用"useCustomPwmFreq(3900);"。使用这种方法设置完 PWM 的频率后,可正常使用 analogWrite()函数进行 PWM 输出。如果要在调用 analogWrite()后更改输出的 PWM 频率,还需要增添一条引脚复位语句 AnalogOut_x_Reset(),这里 x 为 PWM 输出的引脚。

例如,对于数字引脚 3,设置频率为 3 900 Hz、占空比为 50% 的 PWM,代码如下:

AnalogOut_5_Reset();

useCustomPwmFreq(3900);

analogWrite(5, 128);

使用函数 analogWrite()来设定输出值时,函数需要一个 0~255 之间的输出值作为参数,其中 0 为关闭,255 为全功率。这其实是控制 LED 亮度的一个很好的办法。如果想通过改变 LED 上的电压来控制其亮度,会发现电压在 2 V 之前 LED 根本没反应,过了 2 V 之后 LED 会快速变得很亮。使用 PWM 来控制亮度则是改变 LED 被点亮的平均时长,会得到对亮度更为线性的控制。测量模拟输出波形线路连接如图 6.11 所示,示波器显示模拟输出波形如图 6.12 所示。

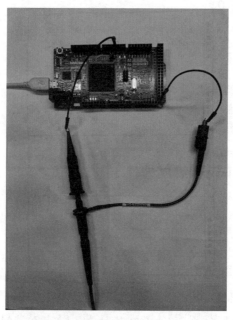

图6.11 测量模拟输出波形线路连接

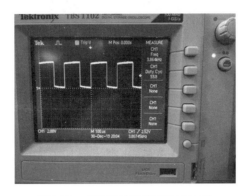

图6.12　示波器显示模拟输出波形

6.4　模　拟　输　入

ShieldBuddy TC275 板上某针脚的数字输入只能给出"0"和"1"的结果,但是模拟输入可以给出一个 0 ~ 1 023 之间的值,这个值取决于模拟输入针脚上的电压。程序通过 analogRead( )函数来读取模拟输入。模拟输入程序在串口监视器中显示,模拟针脚 A0 上每秒 2 次读取的也是实际的电压值。打开串口监视器来观察读数。

```
//模拟输入
int analogPin = 0;
void setup ( )
{
    SerialASC.begin ( 9600 ) ;
}
void loop ( )
{
    int reading = analogRead ( analogPin );
    float voltage = reading / 204.6;
    SerialASC.print ( "Reading =" );
    SerialASC.print ( reading ) ;
    SerialASC.print ( "\t\tVolts =" );
    SerialASC.println( voltage ) ;
    delay( 500 ) ;
}
```

运行此模拟输入程序,能发现读数在不停地变化,就像数字输入一样,现在输入是浮动的;将导线的一端插入 GND,将 A0 连接至 GND,现在读数应该稳定在 0 V(图6.13)。

将原本插在 GND 的那一端插入 5 V,会得到 1 023 的读数,也就是最大读数(图6.14)。

如果将 A0 连接至 3.3 V,则 ShieldBuddy TC275 电压表会显示 3.3 V 左右的电压(图6.15)。

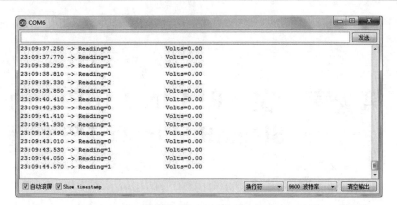

图6.13　用 ShieldBuddy TC275 板测量将 A0 连接至 GND 的电压

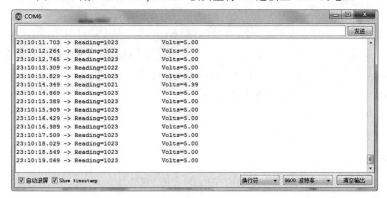

图6.14　用 ShieldBuddy TC275 板测量将 A0 连接至 5 V 的电压

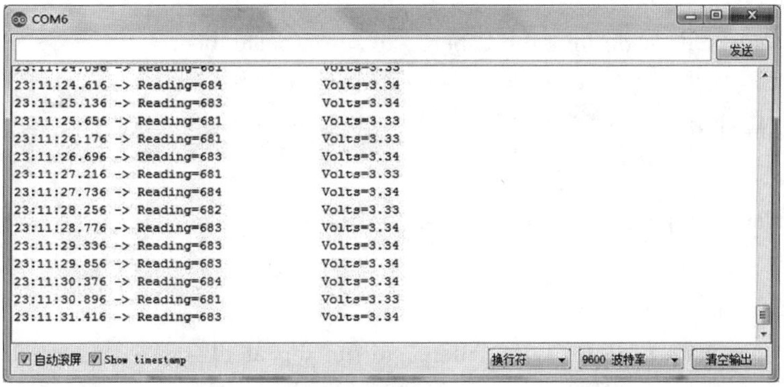

图6.15　用 ShieldBuddy TC275 板测量将 A0 连接至 3.3 V 的电压

6.5　本 章 小 结

本章主要讲述了将信号输入 ShieldBuddy TC275 或从 ShieldBuddy TC275 输出的知识和测试手段,可以应用于项目的编程与调试过程中。

第 7 章　在 ARDUINO IDE 上的 ShieldBuddy TC275 编程

7.1　ARDUINO IDE 的扩展

标准的 ARDUINO IDE 被扩展成了允许 3 核编程的 ARDUINO IDE,除 setup( )和loop( )函数外还多了 setup1( )、loop1( )和 setup2( )、loop2( )函数,这些新的函数分别对应的是"1"核(Core1)和"2"核(Core2)。这样用户就可以同时运行 3 个应用程序,其中"0"核(Core0)则可以被当作普通的 ARDUINO 来使用。

ARDUINO IDE 的 3 核编程:

```
/ * * * Core 0 * * */
void setup( ) {
  // put your setup code for Core 0 here, to run once:
}
void loop( ) {
  // put your main code for Core 0 here, to run repeatedly:
}
/ * * * Core 1 * * */
void setup1( ) {
  // put your setup code for Core 1 here, to run once:
}
void loop1( ) {
  // put your main code for Core 1 here, to run repeatedly:
}
/ * * * Core 2 * * */
void setup2( ) {
  // put your setup code for Core 2 here, to run once:
}
void loop2( ) {
  // put your main code for Core 2 here, to run repeatedly:
}
```

　　"0"核在 ARDUINO 上可以被视为主核,因为它要去启动其他两个核,然后去初始化 ARDUINO I/O 口和启动计时器(这是 millis( )、micros( )、delay( )等函数的需要)。因此 setup1( )和 setup2( )要比 setup( )提前运行。

　　尽管 3 个核理论上是一模一样的,但事实上"1"核和"2"核比"0"核要快大约 25%,因为它们有自己的一级流水线。所以通常情况下,最好将繁重的计算任务交给这两个核完成。

　　为多核处理器编写程序一开始可能会令人感到费解。因为处理器只有一个 ROM,而 ARDUINO IDE 则是用来编译源代码的,其并不知道(也没有必要知道)代码中的特殊函数会在哪个核上运行,所以只有当程序运行时,才能确定该函数是在哪个核上运行的。任何被 setup( )和 loop( )调用的函数都会在"0"核上运行,被 setup1( )和 loop1( )调用的函数则会在"1"核上运行,相应地,被 setup2( )和 loop2( )调用的函数会在"2"核上运行。因此完全有可能 3 个核上同时运行相同的函数。因为这个函数只有一个映像文件,所以 AURIX™ 的内部总线结构允许 3 个核在同一时刻去执行相同地址的相同指令。注意:如果这种极端的情况发生,开发板的整体性能会略有降低。

　　如果函数没有涉及外设的话,核与核之间的函数共享是很容易实现的。虽然处理器中有 3 个核,却只有 2 个模数转换器(ADC)。3 个核都访问相同的寄存器是可行的,然而如果想要计时器去产生一个中断并调用一个共享函数,那之后这个函数可能就需要知道它当前在哪个核上运行。确定当前在哪个核上运行是简单的,因为有一个定义的宏可以返回核的编号。

　　例如:

if(GetCpuCoreID( ) = = 2)

{

　　/ * 必须在"2"核上运行　 */

}

　　这种确定核的编号属于少数情况,但是这种宏却在 ShieldBuddy TC275 到 ARDUINO 的转换层中被广泛使用。

7.2　基于宏的特定 SRAM 分配

　　ARDUINO IDE 并不知道程序运行到的地方,甚至并不知道哪块内存是可用的。如果用户没有对执行速度感到困扰或只是在使用"0"核,那么变量可以像在其他 ARDUINO 板上一样被声明。但是,如果用户正在使用"1"核和"2"核,了解 ShieldBuddyTC275 内部物理内存的排列方式(图 7.1)则能对可获得的最优性能产生巨大影响。

　　全局变量最终将在"0"核的 SRAM(静态随机存储器)("DSPR0")中,全局变量声明程序如下:

uint32 myglobalvariable=0;//如果并不在意变量所在的存储空间,就在此处声明

/ * * * Core 0 * * */

void setup( ) {

　　// put your setup code for Core 0 here, to run once:

}

　　如果上述方式声明的变量仅由"0"核使用,那么访问时间将非常短。这是因为 RAM 出现在存储器映射中会有两个地址处。"0"核的 DSPR RAM 位于 0xD0000000,它被认为是本地的,并直接位于"0"核的本地内部总线上。"0"核位于 0x70000000 地址的 DSPR RAM 对其他核可见,以便其他核对它自由地读写。其代价就是通过任意核都可以访问 SRI,从而降低速度,并且可能受到其他核间通信的影响。因此,所有内核都具有对其他内核可见的本地 RAM,尽管这会降低运行速度。

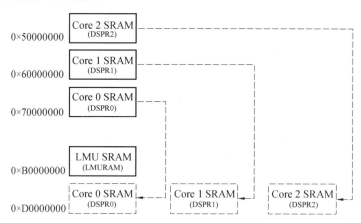

图7.1　ShieldBuddy TC275 RAM

　　ShieldBuddy TC275 存在第四个 RAM 区域("LMU"),它不直接与任何内核绑定在一起,但所有核都可以快速地访问它。这对于所有核都大量使用的共享变量是很有用的。

　　由于"1"核和"2"核的运行速度较快,因此将其变量放入本地 RAM 是有意义的,但标准配置的 ARDUINO IDE 并不支持此功能。对于 ShieldBuddy TC275,可以使用一系列现成的宏,这将允许用户轻松地将变量放入任何指定的 SRAM 区域中。

　　将这些宏用于"1"核和"2"核中会显著增强运行性能,因此强烈推荐使用。基于宏的特定 SRAM 分配程序如下:

```
/* CUP1 初始化数据 */
StartOfInitialised_CPU1_Variables
uint32 Core1FastVar=0;
EndOfInitialised_CPU1_Variables

/* CUP2 初始化数据 */
StartOfInitialised_CPU2_Variables
uint32 Core2FastVar=0;
EndOfInitialised_CPU2_Variables

/* LMU 初始化数据 */
StartOfInitialised_LMURam_Variables
uint32 LmuFastVar=0;
EndOfInitialised_LMURam_Variables
```

```
/* 如果并不在意变量所在的存储空间,就在此处声明 */
unit32 Core0FastVar=0;
/* * * Core 0 * * */
void setup( ) {
   // put your setup code for Core 0 here, to run once:
}
```

用于将变量放入特定 RAM 的完整宏集是:

```
/*在 LMU 中定义未赋初值数据 */
StartOfUninitialised_LMURam_Variables
/*将未赋初值数据在此定义,例如 uint32 LMU_var; */
EndOfUninitialised_LMURam_Variables

/*在 LMU 中定义有初值数据 */
StartOfInitialised_LMURam_Variables
/*将有初值数据在此定义,例如 uint32 LMU_var_init = 1; */
EndOfInitialised_LMURam_Variables

/*在 CPU1 中定义未赋初值数据 */
StartOfUninitialised_CPU1_Variables
/*将未赋初值数据在此定义,例如 uint32 CPU1_var; */
EndOfUninitialised_CPU1_Variables

/*在 CPU1 中定义有初值数据 */
StartOfInitialised_CPU1_Variables
/*将有初值数据在此定义,例如 uint32 CPU1_var_init = 1; */
EndOfInitialised_CPU1_Variables

/*在 CPU2 中定义未赋初值数据 */
StartOfUninitialised_CPU2_Variables
/*将未赋初值数据在此定义,例如 uint32 CPU2_var; */
EndOfUninitialised_CPU2_Variables

/*在 CPU2 中定义有初值数据 */
StartOfInitialised_CPU2_Variables
/*将有初值数据在此定义,例如 uint32 CPU2_var_init = 1; */
EndOfInitialised_CPU2_Variables
```

7.3　串　行　端　口

ARDUINO 有一个串口类,它可以发送数据到 UART(通用异步收发传输器)端口,这些数据最终被传送到计算机主机的 COM 口(串行通信接口,简称串口)。而 ShieldBuddy TC275 有 4 个硬件串行端口,所以它有 4 个串口类。在 ARDUINO 上通常通过建立软串口来实现串口的扩展,而这里 ShieldBuddy TC275 的 4 个硬件串口已经满足对串口的需求。

对于 ShieldBuddy TC275,其上用来直接将数据发送到 ARDUINO IDE 串口监视器工具的缺省串口类变成了 SerialASC。因此 Serial.begin(9600)变成了 SerialASC.begin(9600),Serial.print("Hi")变成了 SerialASC.print("Hi"),当然其他类似的语句也要进行相应的变化。

ShieldBuddy TC275 的 4 个串行通道依据表 7.1 进行分配。

表 7.1　ShieldBuddy 的串行通道分配

串口类	串口	引脚
SerialASC	ARDUINO FDTI USB-COM	micro USB
Serial1	RX1/TX1 ARDUINO	J403 pins 17/16
Serial0	RX0/TX0 ARDUINO	J403 pins 15/14
Serial	RX/TX ARDUINOdefault	J402 pins D0/D1

处理器上的 3 个核都可以任意使用这 4 个串行通道,但不建议同时让 2 个或 2 个以上的核使用同一个串行端口。

ShieldBuddy TC275 支持如下奇偶校验指令:

SERIAL_8N1

SERIAL_8N2

SERIAL_8E1

SERIAL_8E2

SERIAL_8o1

SERIAL_8o2

例如:SerialASC.begin(9600, SERIAL_8E1);

通常,系统默认是 SERIAL_8N1。

例 1　给出使用串口通信的完整程序例子,其中程序:

```
char value;
void setuo(){
    SerialASC begin(9600);
    Serial begin(9600);
}
void loop(){
    If (Serial.availab()){
        Value=Serial.read();
```

```
SerialASC.print(value)
    }
}
```

这里将 HC-06 蓝牙模块连接至 RX/TX(接收端/发送端)上,即 Serial 串口类,并利用 SerialASC 串口类将蓝牙接收到的数据输出到计算机的串口监视器上。

将手机连接上蓝牙模块,并输入任意字符,就可以在串口监视器上查看到相应的字符,这里输入"hello shieldbuddy! I'm Bluetooth"。图 7.2 所示为实验显示结果。

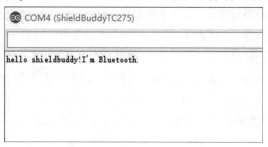

图7.2　例 1 结果

7.4　多核通信

AURIX™ 多核设计的目标之一是避免在多核处理器中可能出现的编程问题,并使程序设计工作更轻松。3 个独立核存在于 1 个单独内存空间(0x00000000 - 0xFFFFFFFF),因此程序可以不受任何限制地访问任何地址,这包括所有的外设以及所有的 FLASH 和 RAM。

访问 RAM 时具有一致的全局地址空间,可以大大简化使用共享结构的核之间的数据传递。在执行此操作时是通过交叉总线系统连接内核、存储器和 DMA(直接存储器访问)系统来实现高性能支持的。当然还有保护机制,如果应用需要,可以为这种访问生成陷阱,能够指示程序是否存在故障,并以有序的方式进行处理。

这种多核设计的结果使程序员不必担心两个或两个以上的核同时访问相同的内存位置(即变量)。在某些多核处理器中,这会引发异常并被视为错误;当然,在不熟悉多核编程的情况下,这会让编程变得更加轻松。另外,最低级别可能存在争夺"资源"情况,这可能导致执行指令延时,但是鉴于 CPU 的速度,对于 ARDUINO 形式的应用并不会有什么问题。

将应用程序拆分为 3 个核所面临问题就是如何同步操作。因为 AURIX™ 的设计允许任何一个核随时访问 RAM,所以同步操作不是问题。在最简单的情况下,全局变量可允许数据从一个核发送到另一个核。

7.4.1　基于 Htx_LockResource( )函数的多核通信

用 SerialASC.print( ) 函数可以让每个核发送消息到 ARDUINO 串口监视器上,例如发送 "Hello From Core 0" "Hello From Core 1"等。如果只是将 SerialASC 写入每个核的 loop( ),则会显示完全混乱的字符。这是因为每个内核将随机写入发送缓冲区。AURIX™ 并不禁止 3 个核使用相同的串行端口,并且也不会发生任何异常情况。来自 3 个核的所有字符都会显示,但它们不一定按正确的顺序排列。

应确保每个核依次等待其他核完成对串行端口的写入,再引入全局变量,然而单核中不会发生的错误可能会发生在多核编程中。解决这个问题的有效方法是使用 1 个全局变量来告知 SerialASC 端口是否正在被占用。但是,当试图阻止单个资源(例如串行端口)同时被两个核访问时,这种方法并不起作用。如果是"1"核和"2"核同时检查 SerialASCInUse 标志位,那么它们都会看到它是"0",然后都将其设置为"1"。而在实践中,"2"核依据一些指令检查标志位会发生在"1"核确认标志位为"0"与之后将其设置为"1"之间,这时就会陷入困境。然后两个核都会尝试写入 SerialASC 端口,结果是终端接收了一堆乱码。

要解决这个棘手的问题,需要一种以单个 AURIX™指令形式来检查 SerialASCInUse 标志位是否为"0"并将其设置为"1"的方法。这意味着检查"0"与设置"1"间的间隙将不复存在,其他核不会陷入这个间隙中。

Htx_LockResource(uint32 * ResourcePtr)函数可以解决这个问题。这个函数将在地址 ResourcePtr 处的标志位自动设置为 Htx_RESOURCE_BUSY = 1 并返回先前的标志状态。这里地址 ResourcePtr 可以用扩展后的串口类来表示,即 &SerialASC.PortInUse。现在通过使用 Htx_LockResource()函数,可以确保两个核不再尝试同时访问 SerialASC 了。当然在使用完串口后,还需要借助 Htx_UnlockResource()函数释放串口。

例 2　给出基于 Htx_LockResource()函数的完整多核通信程序,让每个核都发送消息到 ARDUINO 串口监视器上。

```
/ * * * Core 0 * * */
void setup( ) {
    SerialASC.begin(9600);
}
void loop( ) {
    delay(10);//此处用延时代替实际情况下一些有用的代码
    while(Htx_LockResource(&SerialASC.PortInUse) = = Htx_RESOURCE_BUSY){;}
    SerialASC.print("Hello from core 0\n\r");
    Htx_UnlockResource(&SerialASC.PortInUse);
}

/ * * * Core 1 * * */
void setup1( ) {
}
void loop1( ) {
    delay(20);
    while(Htx_LockResource(&SerialASC.PortInUse) = = Htx_RESOURCE_BUSY){;}
    SerialASC.print("Hello from core 1\n\r");
    Htx_UnlockResource(&SerialASC.PortInUse);
}

/ * * * Core 2 * * */
```

```
void setup2( ) {
}
void loop2( ) {
    delay( 25) ;
    while( Htx_LockResource( &SerialASC.PortInUse) = = Htx_RESOURCE_BUSY) { ; }
    SerialASC.print( "Hello from core 2\n\r") ;
    Htx_UnlockResource( &SerialASC.PortInUse) ;
}
```

串口监视器显示结果如图 7.3 所示。

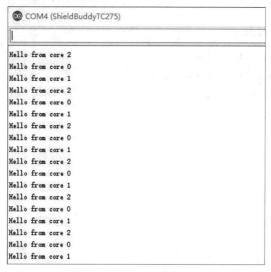

图7.3　例 2 结果

7.4.2　基于中断的核间协调与通信

上例是使内核同时工作的一种效率较低的方法,因为每个核会用很长时间在 while( )中循环。解决上述问题的另一种方法是让一个核在另一个核中产生一个中断,令它去执行某些指令。

ARDUINO 语言已经扩展,允许在另一个核心中触发中断,这意味着"0"核可以在"1"核中触发中断。该中断可能告诉"1"核资源现在是空闲的,或者告诉它去读取"0"核刚刚更新的全局变量。

这时就要使用 CreateCoreXInterrupt(CoreXIntService) 函数创建中断,这里的"X"可以为 0、1、2,分别代表 3 个核。CoreXIntService 则是用户编写的函数,表示当"X"核的中断被触发时,"X"核将去执行的函数。创建中断后,若要触发中断,还需使用 InterruptCoreX( ) 函数。

例 3　下面给出基于中断的协调 3 个核使用 SerialASC 端口的示例程序,现在 SerialASC 端口的输出只有当"0"核(在此示例中) 请求它时才会发生。

```
void Core0IntService( void) {
    SerialASC.print( "\n\rHello from Core") ;
```

```
    SerialASC.print(GetCpuCoreID());
}
void Core1IntService(void){
    SerialASC.print("\n\rHello from Core");
    SerialASC.print(GetCpuCoreID());
}
void Core2IntService(void){
    SerialASC.print("\n\rHello from Core");
    SerialASC.print(GetCpuCoreID());
}
void setup(){
    SerialASC.begin(9600);
    CreateCore0Interrupt(Core0IntService);
    CreateCore1Interrupt(Core0IntService);
    CreateCore2Interrupt(Core0IntService);
}
void loop(){
    InterruptCore0();
    delay(500);
    InterruptCore1();
    delay(500);
    InterruptCore2();
    delay(500);
}
```

串口监视器显示结果如图 7.4 所示。

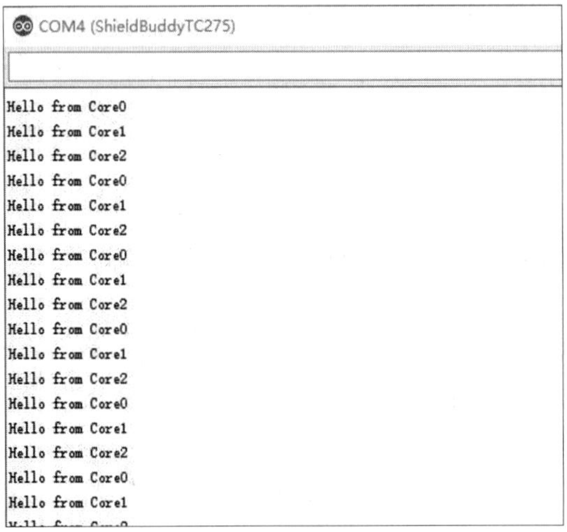

图7.4　例3结果

7.5 STM0 的直接访问

TC275 STM0（system timer 0）是所有 ARDUINO 定时函数的基础，例如 delay（）、millis（）、micros（）等函数，它基于 10 ns 的滴答时钟。要直接读取 STM0 的当前值，就要使用 GetCurrentNanoSecs（）函数，它将以 10 ns 为步长返回当前计时器值。

例4 下面给出关于计时器数值读取的完整实验程序。

```
uint32 TimeSnapshot0;
uint32 TimeSnapshot1;
uint32 ExecutionTime;
void setup() {
  SerialASC.begin(9600);
}
void loop() {
  TimeSnapshot0 = GetCurrentNanoSecs();
  for(int i = 0; i < 500; i++)
  { ; }
  TimeSnapshot1 = GetCurrentNanoSecs();
  ExecutionTime = TimeSnapshot1 - TimeSnapshot0;
  SerialASC.println(ExecutionTime);
}
```

串口监视器显示结果如图 7.5 所示。

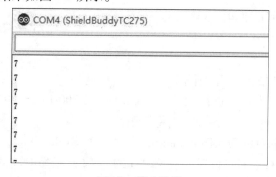

图7.5 例4结果

7.6　基于计时器的中断

7.6.1　基于 STM0 的中断

用户可以使用 CreateTimerInterrupt( ) 函数在"0"核中创建基于 STM0 计时器的中断。函数包含 3 个参数:第一个参数为中断类型,可以为 ContinuousTimerInterrupt 或 OneShotTimerInterrupt;第二个参数为时间参数;第三个参数为中断调用的函数。其中 ContinuousTimerInterrup表示每隔一段时间就触发中断函数,而 OneShotTimerInterrupt 表示中断函数只在固定时间运行且只运行一次,二者涉及的时间变量即为函数的时间参数。

例 5　下面给出基于 STM0 计时器中断的完整实验程序。函数 STM0_inttest( )每 2 ms 运行一次,即数字引脚 3 号口的电平每 2 ms 改变一次,在 loop( )循环中,每 1 ms 检测一次 3 号口的电平,并输出到串口监视器上。

```
uint8 ToggleVar = 0;
void STM0_inttest( void) {
    digitalWrite(3, ToggleVar ^= 1);
}
void setup( ) {
    pinMode(3, OUTPUT);
    SerialASC.begin(9600);
    CreateTimerInterrupt(ContinuousTimerInterrupt, 200000, STM0_inttest);
}
void loop( ) {
    SerialASC.println(digitalRead(3));
    delay(1);
}
```

串口监视器显示结果如图 7.6 所示。

这里,时间以 10 ns 为单位进行细分,所以 2 ms = 2 000 μs = 200 000×0.01 μs。如果 STM0_inittest( )仅在 2 ms 时运行一次,则将使用:

```
CreateTimerInterrupt(OneShotTimerInterrupt, 200000, STM0_inttest);
```

需要注意的是,这种中断可设置的最长时间约为 42 s,最短时间约为 20 μs。如果想要更快的运行速度,还需要使用其他方法。

对于"1"核和"2"核,可以创建基于 STM1 和 STM2 的定时器中断,每个核分别有两个基于此方法的计时器中断。

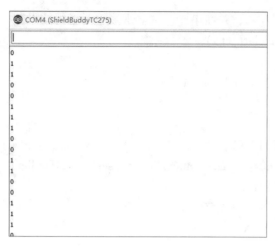

图7.6　例5结果

7.6.2　基于 STM1 的中断

CreateTimerInterrupt0_Core1( )函数和 CreateTimerInterrupt1_Core1( )是两个独立的中断函数,它们可以像"0"核的 CreateTimerInterrupt( )函数一样被自由调用。例如,要让 STM1_inttest0每 100 μs 运行一次时,需要在 setup1( )中添加如下语句:

CreateTimerInterrupt0_Core1(ContinuousTimerInterrupt, 10000, STM1_inttest0);

7.6.3　基于 STM2 的中断

对于"2"核,它和"1"核有类似的函数,但现在这些函数基于 STM2。例如:

CreateTimerInterrupt0_Core2(ContinuousTimerInterrupt, 10000, STM2_inttest0);

CreateTimerInterrupt1_Core2(ContinuousTimerInterrupt, 5000, STM2_inttest1);

7.7　通用定时器中断

ShieldBuddy TC275 上有 9 个通用定时器(基于 GTM 中的 ATOM),可用于调用周期性中断下的用户定义函数。最长周期时间约为 170 s,最短约为 1 μs。默认情况下,时间单位基于 0.02 μs(50 MHz)。

例如,使用计时器"2"每 100 μs 调用一次 UserTimer2Handler( )函数。

首先,需要设置被调用函数的名称:

TimerChannelConfig[2].user_inthandler = UserTimer2Handler;

然后,初始化计时器"2"通道:

InitialiseTimerChannel(2);

最后,以 0.02 μs 为单位设置中断周期(100 μs = 5 000×0.02 μs):

SetTimerChannelPeriod(2, 5000);

现在 UserTimer2Handler( )函数将每 100 μs 被调用一次。

例 6　下面给出基于通用定时器的完整中断程序例子。让计时器"2"每 100 μs 调用一次 UserTimer2Handler( )函数,并在串口监视器观测中断运行结果。

```
void UserTimer2Handler( int i)
{
    digitalWrite(13,! digitalRead(13));
}
void setup( ) {
    pinMode(13,OUTPUT);
    TimerChannelConfig[2].user_inthandler = UserTimer2Handler;
    InitialiseTimerChannel(2);
    SetTimerChannelPeriod(2,5000);
    SerialASC.begin(9600);
}
void loop( ) {
    SerialASC.println( digitalRead(13));
    delayMicroseconds(50);
}
```

串口监视器显示结果如图 7.7 所示。

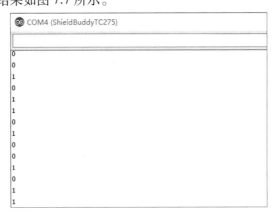

图7.7　例6结果

另外,若需要临时禁用计时器通道可以使用以下语句:

DisableTimerChannelInt(2);

重启该通道,则使用:

EnableTimerChannelInt(2);

7.8　外部中断

ShieldBuddy TC275 仍支持 ARDUINO 里的 attachInterrupt( )函数产生外部中断,但有一些细微差别。attachInterrupt(interrupt, function, mode)函数中,interrupt 为中断通道,function 为中断函数,mode 为触发方式。在 ShieldBuddy TC275 上可以创建中断的引脚有 2、3、15、18、20、52。另外,mode 参数仅支持 RISING、FALLING、CHANGE。该类型中断调用的函数仍

然可以使用 ASC 指令和 QSPI 指令,但是由 CreateTimerInterrupt( )函数创建的定时器中断函数不包括在内。

以上小节介绍了多种中断方式,若需要同时禁用所有中断可以使用以下命令:

noInterrupts( );

这也将禁用 delay( )以及其他与计时器相关的函数。

要重新启用中断,可以使用以下命令:

interrupts( );

7.9　快速的数字量写入与读取

digitalRead( )与 digitalWrite( )函数和 ARDUINO 版本的相同,但在某种程度上它们因 ARDUINO 硬件抽象层的开销而受到性能的限制。

下面是 2 号引脚的数字写入例子:

digitalWrite(2,HIGH); // "0"核:160 ns、6.25 MHz ;"1"核、"2"核:120 ns、8.3 MHz

digitalWrite(2,LOW);

"0"核的最大引脚电平切换速率为 6.25 MHz,"1"核和"2"核的则为 8.3 MHz。

为了更直接地访问 I/O 引脚,可以使用 Fast_digitalWrite( )函数。

Fast_digitalWrite(2, LOW);

Fast_digitalWrite(2, HIGH);

这时代码运行的时间就变短了,"1"核和"2"核的引脚电平切换速率可达 25 MHz。

同样,Fast_digitalRead(2)比 digitalRead(2)更快。

7.10　DAC 与 ADC

7.10.1　DAC 转换

与 ARDUINO 一样,ShieldBuddy TC275 使用 PWM 信号产生模拟电压,可产生 PWM 信号的引脚在开发板上有相应标注。analogWrite( )函数的使用方法与 ARDUINO 相同,其默认分辨率为 8 位,即占空比数值为 0~255。

另外 ShieldBuddy TC275 还提供 DAC0 与 DAC1 引脚,专门用于精确的数模转换。它们具有固定的 14 位分辨率(0~16 383)和 6.1 kHz 的 PWM 频率。

例如:

analogWrite(DAC0, 8192); //在 DAC0 引脚上输出 2.5 V

analogWrite(DAC1, 4096); //在 DAC1 引脚上输出 1.25 V

7.10.2　ADC 转换

ARDUINO 读取模拟通道的一般方法是 analogRead(channel_no),允许每秒读取大约 450 k 个样本数据。如果模拟通道是固定的,则可以直接访问通道结果并达到每秒读取大约 600 k 个样本数据的速度,而这就需要使用 ReadADx( )函数。这类函数共有 12 个,分别对应 ShieldBuddy TC275 不同的模拟通道。例如,当要直接读取 A0 通道时,可以使用 result = ReadAD0( )语句。

与 ARDUINO 一样,ShieldBuddy TC275 的 ADC 转换结果的默认分辨率为 10 位。当然如果需要,可以使用 analogReadResolution( )函数将其转换分辨率设置为 8 位或 12 位。该函数使用方法如下:

设置 10 位(默认)的分辨率:

analogReadResolution (10u);

设置 12 位的分辨率:

analogReadResolution (12u);

设置 8 位的分辨率:

analogReadResolution (8u);

例 7　下面给出完整的 ADC 转换程序例子。这里将分辨率设置为 12 位,利用 A0 口读取外界环境的模拟量信号。

```
uint16 result;
void setup( ) {
  analogReadResolution(12u);
  SerialASC.begin(9600);
}
void loop( ) {
  result = ReadAD0( );
  SerialASC.println(result);
}
```

测得的结果如图 7.8 所示。

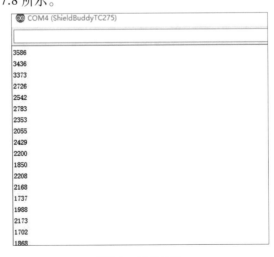

图7.8　例7结果

7.11　PWM 信号的产生

在 ARDUINO 上,产生的 PWM 信号频率约为 1 kHz;而当使用默认的 8 位分辨率时,ShieldBuddy TC275 的频率为 390 kHz。虽然这对交流波形生成及音频应用等很有利,但对于电机控制之类的应用来说频率太高了。为此,ShieldBuddy TC275 提供以下两种修改 PWM 频率的方法。

(1)useARDUINOPwmFreq( )函数。

该函数可以将 PWM 频率设置为 1.5 kHz,以便电机扩展板等正常工作。

(2)useCustomPwmFreq( )函数。

该函数用来设置任意的 PWM 频率,可设置的最大频率为 390 kHz,最小频率为 6 Hz。例如要将频率设置为 4 000 Hz,则使用如下代码:

useCustomPwmFreq(4000);

使用上面的方法设置 PWM 的频率后,可正常使用 analogWrite( )函数进行 PWM 输出。如果要在调用 analogWrite( )后更改输出的 PWM 频率,还需要增添一条引脚复位语句 AnalogOut_x_Reset( ),这里"x"为 PWM 输出的引脚。

例如,对于数字引脚 5:

AnalogOut_5_Reset( );

useCustomPwmFreq(3900);

analogWrite(5, 128); //产生频率为 3 900 Hz、占空比为 50%的 PWM

对于某个特定 PWM 输出通道,在必须非常频繁地更新占空比的情况下,最好仅更新 PWM 系统中的占空比寄存器的值,而不是使用一般的 analogWrite( )函数。这可以使用如下宏来完成:

AnalogOut_x_DutyRatio;

例如,在 8 位分辨率下,将通道 5 的 PWM 占空比改为 50%:

AnalogOut_5_DutyRatio = 128;

这里用到的占空比数值必须在分辨率允许的范围内。对于默认的 8 位分辨率,这个数值是 0~255;对于 10 位分辨率,则是 0~1 023,依此类推。

需要注意的是,要想利用 AnalogOut_x_DutyRatio 实现占空比的快速更新,必须对该通道至少使用一次 analogWrite( )函数。

例 8　下面给出 PWM 信号产生的完整程序例子。这里先改变频率,后在循环中改变占空比,产生的 PWM 信号可用示波器观测出。

```
void setup( ) {
  pinMode(5,OUTPUT);
  analogWrite(5,128);
  delay(10000);
  AnalogOut_5_Reset( );
  useCustomPwmFreq(3900);
  analogWrite(5,128);
```

```
    }
void loop( ) {
    delay( 3000 );
    AnalogOut_5_DutyRatio = 100;
    delay( 3000 );
    AnalogOut_5_DutyRatio = 150;
    delay( 3000 );
    AnalogOut_5_DutyRatio = 200;
    }
```

测得的示波器观测数据如图 7.9~7.13 所示。

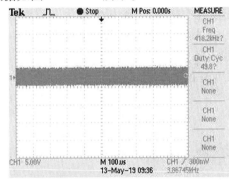

图7.9　例 8 结果 1

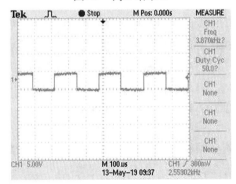

图7.10　例 8 结果 2

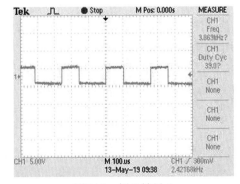

图7.11　例 8 结果 3

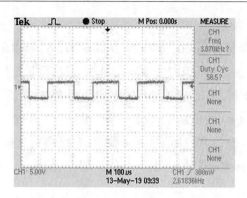

图7.12　例 8 结果 4

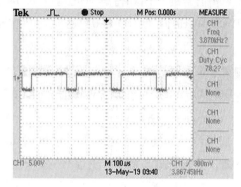

图7.13　例 8 结果 5

7.12　PWM 信号的测量

ShieldBuddy TC275 的 GTM TIM 模块可以自动对频率在 5.96 Hz ~ 10 MHz 范围内的 PWM 信号进行周期、持续时间及占空比的测量;与 ARDUINO 不同的是,这种 PWM 测量并不基于中断。以下为 ShieldBuddy TC275 上可利用 GTM TIM 模块自动测量 PWM 信号的引脚:0~15、17~21、24、25、27~31、33、35、37~39、44~46。

下面以引脚 8 为例,给出 PWM 测量函数的使用方法。

(1)提前声明变量,用来存放 PWM 测量的结果。

uint32 PWM_Period0;

uint32 PWM_Duration0;

float DutyRatio0;

(2)针对要使用的引脚初始化 PWM 测量系统。

Init_TIM_TPWM(8, TIM_TPWM_RISINGEDGE);

这里的两个参数分别代表要使用的引脚和 PWM 信号的形式,其中 PWM 的形式分为正向(TIM_TPWM_RISINGEDGE)和逆向(TIM_TPWM_FALLINGEDGE),正向表示把高电平部分作为 PWM 信号的有效部分,逆向则表示把低电平部分作为 PWM 信号的有效部分。这里测量引脚 8 的正向 PWM 信号。

（3）进行 PWM 信号测量。

MeasurePwm(8, &PWM_Period0, &PWM_Duration0, &DutyRatio0);

这里 MeasurePwm( ) 函数专门用于 PWM 信号的测量,测量数据的存入地址就是该函数的参数。在 PWM 信号符合要求的情况下,运行该函数后,变量 PWM_Period0、PWM_Duration0 和 DutyRatio0 的值就会不断更新。另外该函数还具有返回值,当它返回"PwmMeasurementData"时表示 PWM 信号符合要求,并已测得正确的 PWM 信号数据;而当它返回"NoPwmMeasurementData"时,则表示不存在 PWM 信号。当引脚电平只有数字 1 或 0 时就会出现这种情况。

需要注意的是,这里 PWM 信号的周期和持续时间均以 10 ns 为单位的整数返回,因此 1 ms 的周期时间返回的 PWM_Period0 为 100 000。占空比数据则作为浮点值返回,范围为 0~1。

MeasurePwm( ) 函数测量 PWM 信号的 3 种数据,当仅测量 PWM 信号的占空比时,可以使用 DutyRatio0 = MeasureDutyRatio(8);仅测量 PWM 信号(可以是任何信号)的频率时,可以使用 Frequency0 = MeasureFrequency(8)。

例 9　下面给出 PWM 信号测量的完整程序例子。这里用 analogWrite( ) 函数在引脚 5 上产生 PWM 信号,并用引脚 8 测量引脚 5 的 PWM 信号,最后在串口监视器上显示出测得的 PWM 数据。硬件连接上只需要用一根软线将 5 号引脚和 8 号引脚连接在一起即可。

```
uint32 PWM_Period0;
uint32 PWM_Duration0;
float DutyRatuo0;
void setup( ){
    pinMode(5,OUTPUT);
    SerialABC.begin(9600);
    Init_TIM_TPWM(8,TIM_TPWN_RISIHCGEDCWE);
    analogWrite(5,100);
}
void loop( ){
    If(MeasurePwm(8,&PWM_Period0,&PWM_Duration,&DutyRatio0)==PwmMeasur)
    {
        SerialASC.println("pwmmeasurs");
        SerialASC.println(PWM_Period0);
        SerialASC.println(PWM_Duration0);
        SerialASC.println("error");
    }
    else
```

```
    {
        SerialASC.println("pwm measurs");
    }
}
unit32 PWM_Period0;
uint32 PWM_Duration0;
float DutyRatio0;
void setup() {
    pinMode(5,OUTPUT);
    SerialASC.begin(9600);
    Init_TIM_TPWM(8,TIM_TPWM_RISINGEDGE);
    analogWrite(5,100);
}
void loop() {
    if(MeasurePwm(8,&PWM_Period0,&PWM_Duration0,&DutyRatio0)= =
    PwmMeasurementData)
    {
        SerialASC.println("pwm measure");
        SerialASC.println(PWM_Period0);
        SerialASC.println(PWM_Duration0);
        SerialASC.println(DutyRatio0);
    }
    else
    {
        SerialASC.println("error");
    }
}
```

串口监视器输出结果如图 7.14 所示。

当把 TIM_TPWM_RISINGEDGE 改为 TIM_TPWM_FALLINGEDGE 时,可以观察到串口监视器输出变为以下结果,如图 7.15 所示。

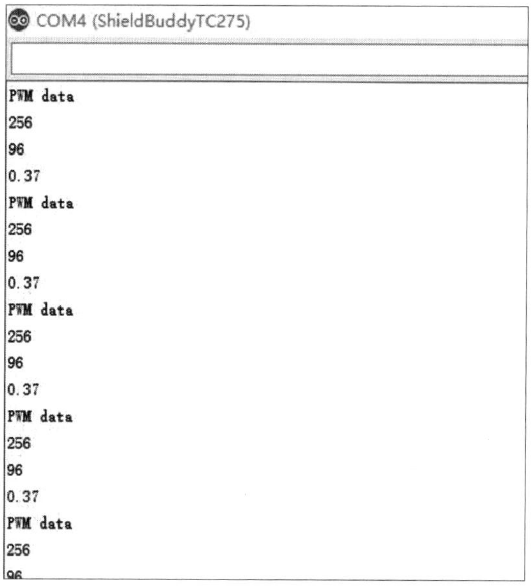

图7.14　例 9 结果

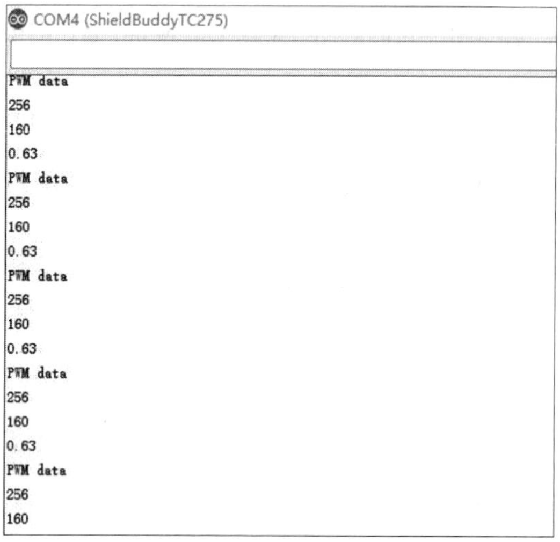

图7.15　改动后的例 9 结果

以上测量数据也进一步说明了正向和逆向 PWM 信号的区别,一般情况下需要测量的都是正向 PWM 信号,即高电平作为有效部分。

7.13　Tone( )函数

标准的 Tone( )函数可根据 ARDUINO 中的用法使用,唯一的区别就是音调范围变为了 0.232 Hz ~ 100 MHz,而且其声音持续时间可达 65.5 s。

并非所有 ShieldBuddy TC275 的引脚都可用于 Tone( )函数。以下是可以用于 Tone( )函数的引脚:0 ~ 15、18 ~ 22、28、30 ~ 32、34、39、41 ~ 43、47、49、51、52。

7.14　CAN 总线

ShieldBuddy TC275 上控制器局域网络由 CANRX / CANTX 引脚、J406(双排连接器)23 和 22 号引脚以及 J406 53 号引脚和 J405 DAC0 支持。它们分别是 CAN0、CAN1 和 CAN3 模块。CAN 的节点 ID(标识符)可以是 11 位和 29 位。CAN 共有 16 个消息对象(或者更简单地说,消息)。这是 ShieldBuddy TC275 实际能力的一部分,而且为了简单起见,它还受到了限制。

ShieldBuddy TC275 的 3 个 CAN 通道位置见表 7.2。

表 7.2　CAN0、CAN1、CAN3 位置

名称	ShieldBuddy TC275 端口	ShieldBuddy TC275 引脚
CAN0 RX	P20.7	pin CANRX
CAN0 TX	P20.8	pin CANTX
CAN1 RX	P14.1	J406 pin23
CAN1 TX	P14.0	J406 pin22
CAN3 RX	P20.9	J405 DAC0
CAN3 TX	P20.10	J406 pin53

在使用 CAN 函数时,必须先使用所需的波特率初始化 CAN 模块,例如:

CAN0_Init(250000);

CAN1_Init(250000);

接下来设置要通过 CAN 发送或接收的消息。这里,将在 CAN0 上设置一个发送消息,并在 CAN1 上接收它(现已将两个 CAN 模块连接在了一起)。

发送消息:

/* Parameters CAN ID, Acceptance mask, data length, */

/* 11 or 29 bit ID, Message object to use */

CAN0_TxInit(0x100, 0x7FFFFFFFUL, 8, 11, 0);

接收消息:

CAN1_RxInit(0x100, 0x7FFFFFFFUL, 8, 11, 1);

这里在 CAN0 模块(CANRX / CANTX 引脚)中设置了一个消息对象,以便发送 8 bit 数据,而且该消息 ID 为 0x100,使用 11 位标识符。将使用消息对象"0"来发送消息。ShieldBuddy TC275 CAN 驱动中总共有 16 个消息对象可供用户使用,由用户负责确保每个发送和接收对象都有唯一的消息对象编号。

在例子中,如果还需设置另一条消息(接收或发送)对象,将使用对象"2",因为对象"0"和"1"已经在使用中了。

要在 CAN0 上发送包含 0x12340000(低位的 4 字节)和 0x9abc000(高位的 4 字节)的 8 字节数据消息,且消息 ID 为 0x100,则有以下代码:

/* Parameters CAN ID, 32 bits low data, 32 bits high data, data length */

CAN0_SendMessage(0x100, 0x12340000, 0x9abc0000, 8);

要在 CAN1 上接收消息:

/* Parameters CAN ID, address of structure to hold returned data, data length */

RxStatus = CAN1_ReceiveMessage(0x100, &msg1, 8);

对于接收消息函数,必须提供一个结构以便接收函数可以将接收到的数据放置其中。预定义的"IfxMultican"结构类型可按如下方法使用:

IfxMultican_Message msg1;

接收到的数据可按如下语句访问:

LowerData = msg1.data[0];

UpperData = msg1.data[1];

接收函数还会返回一个状态值,这可以在消息接收失败时提供帮助。预定义的"IfxMultican_Status"类型可按如下方法使用:

IfxMultican_Status RxStatus;

返回的状态值是以下其中一个:

IfxMultican_Status_ok = 0x00000000,

IfxMultican_Status_notInitialised = 0x00000001,

IfxMultican_Status_wrongParam = 0x00000002,

IfxMultican_Status_wrongPin = 0x00000004,

IfxMultican_Status_busHeavy = 0x00000008,

IfxMultican_Status_busOff = 0x00000010,

IfxMultican_Status_notSentBusy = 0x00000020,

IfxMultican_Status_receiveEmpty = 0x00000040,

IfxMultican_Status_messageLost = 0x00000080,

IfxMultican_Status_newData = 0x00000100,

IfxMultican_Status_newDataButOneLost = IfxMultican_Status_messageLost

IfxMultican_Status_newData

需要注意的是,CAN 接收函数并不需要知道 CAN 模块中的哪个消息对象正在被使用(它利用所知的消息 ID 便可实现数据接收)。但是,这依赖于任何消息 ID 都只被使用一次,这是 CAN 规范的基本要求。如果 CAN 接收函数在运行,但并没有等待接收的消息,之后它们将返回 0x40 的值;当这是数据时,它们将返回 0x100 的值。

如果要将 CAN 总线上的所有消息都接收到单个消息对象中,则需要将 CANx_RxInit() 函数中的接收屏蔽参数设置为零。

/* Receive all message IDs up to 0xFFF */

CAN1_RxInit(0x200, 0x7FFFF000UL, 8, 11, 1);

现在,CAN 消息 ID 可以是 1~0xFFF 之间的任何值,因此可以输入任何其他未使用且有效的 11 位或 29 位消息 ID。这里使用了 0x200。使用以下语句接收消息:

RxStatus = CAN1_ReceiveMessage(0x200, &msg1, 8);

7.15 I²C 总线

ShieldBuddy TC275 的默认 I²C 外设位于引脚 20(SDA)和 21(SCL)上,目前只支持主模式。与 ARDUINO 相比,有两个新函数可用。在调用 Wire.begin( )之前,可以指定用于 I²C 的引脚以及波特率。默认引脚为 20 和 21,但是可供选择的还有引脚 6(SDA)和 7(SCL),另一组引脚是 SDA1 和 SCL1。

例如:

Wire.setWirePins(UsePins_20_21);

或

Wire.setWirePins(UsePins_6_7);

或

Wire.setWirePins(UsePins_SDA1_SCL1);

I²C 的默认波特率为 100 kbit/s,最高可达 400 kbit/s。可用以下函数修改波特率:

Wire.setWireBaudrate(400000);

需要注意的是一次只能将一组引脚与 Wire 库一起使用。如果需要两个 I²C 通道,那么第二个通道将不得不使用软件驱动的 I²C 库。为此,必须在文件顶部引用头文件 SoftwareWire.h,例如:

#include <SoftwareWire.h>

SoftwareWire SwWire(6, 7, 0, 0);

之后它可以像普通的 I²C 端口一样使用,但其波特率固定在 100 kbit/s 左右。

7.16 SPI 总线

ShieldBuddy TC275 的 SPI 与 ARDUINO Uno 和 MEGA 上的 SPI 类似,它们的使用方式大致相同。默认的从机选择引脚是 10 号引脚(见表 7.3),另一个可供选择的是 4 号引脚。它们可以像在 ARDUINO 上一样使用。

例如:

Spi.begin( );//使用默认的从机选择引脚 10

或者

Spi.begin(10);

Spi.begin(4);//使用从机选择引脚 4 (应用在 SD 卡上)

除了默认的 SPI 通道,引脚 12(MISO)、引脚 11(MOSI)和引脚 13(SCK)构成了第二个独立的 SPI 通道,它也使用引脚 10 作为从机选择引脚。要使用此 SPI 通道,需要以下语句:

Spi.begin(BOARD_SPI_SS0_S1);//使用 SPI1 及从机选择引脚 10

Spi.transfer(BOARD_SPI_SS0_S1, data);

另外,引脚 50(MISO)、引脚 51(MOSI)和引脚 52(SCK)构成了另一个 SPI 通道。它适用于像工业用扩展板之类的特殊扩展板,支持两个从机选择引脚,即引脚 53 和引脚 10。要使用此 SPI 通道,需要以下语句:

Spi.begin（BOARD_SOFT_SPI_SS2）；//使用从机选择引脚 53

Spi.begin（BOARD_SOFT_SPI_SS0）；//使用从机选择引脚 10

Spi.transfer（BOARD_SOFT_SPI_SS2），data）；

Spi.transfer（BOARD_SOFT_SPI_SS0），data）；

需要注意的是,后者不能与其他从机选择引脚为引脚 10 的 SPI 通道同时使用。这个 SPI 通道以大约 3 Mbit/s 的速度运行,因此 8 位数据传输大约需要 2.9 μs。

表 7.3　各 SPI 通道

SPI 名称	备注	引脚
BOARD_SPI_SS0	SPI Ch0:10 号引脚为默认的 CS	MISO=P201.1, MOSI=P201.4 ,SCK=P201.3
BOARD_SPI_SS0_S1	SPI Ch 1	MISO=p12, MOSI=p11,SCK=p13
BOARD_SOFT_SPI_SS0	SPI Ch2:10 号引脚为 CS	MISO=p50, MOSI=p51,SCK=p52
BOARD_SOFT_SPI_SS2	SPI Ch2:53 号引脚为 CS	MISO=p50, MOSI=p51,SCK=p52
BOARD_SPI_SS1	SPI Ch0:使用 SD 卡	MISO=P201.1, MOSI=P201.4 ,SCK=P201.3

7.17　EEPROM 支持

ARDUINO EEPROM 函数可在 ShieldBuddy TC275 上使用,但其使用方法与在 ARDUINO Uno、MEGA、Due 等板子上略有不同。这是因为 ShieldBuddy TC275 拥有 DFLASH 而不是 EEPROM。DFLASH 有相似数量的写入周期（125 k）,但由于 8 KB 的扇区大小,其写入机制其实是不同的。共计有 8 KB 的模拟 EEPROM 可供使用。EEPROM 系统的大部分特性可在以下网页链接中查询:

https://www.arduino.cc/en/Reference/EEPROM

注意:DFLASH 的总容量为 384 KB,如果想用它存储非常大的数据集,那么就不要使用 ARDUINO 形式的 EEPROM 函数。

可以一次一个字节地向模拟 EEPROM 写入和读取数据。如果要把 EEPROM 使用在应用程序中,建议在任何读写操作之前初始化 EEPROM 管理器。

例如:

if（EEPROM.eeprom_initialise（）==EEPROM_Not_Initialised）

｛

　/* EEPROM 损坏*/

　while（1）｛;｝

｝

这并不是强制性的,但如果 EEPROM 出现故障,系统并不会报告出错。当然,第一次读写操作会初始化 EEPROM 管理器。需要注意的是,像这样的第一次操作将花费几毫秒,如果 EEPROM 中出现故障,人们并不会知道已有故障发生。

EEPROM 的数据可以被自由读取,其写入操作也可以自由完成,因为实际上数据是在 RAM 缓冲区中获取的。一旦完成应用程序所需的所有写入后,必须执行 eeprom_update（） 函数,用于将数据编程到底层 DFLASH 中。例如:

EEPROM.eeprom_update( ) ;

需要注意的是,不应该把这个函数与 EEPROM.updat( )函数混淆。如果 RAM 缓冲区已存在相同的数据,这只会阻止数据被再次写入 RAM 缓冲区。

7.18　AURIX™ DSP 函数库

AURIX™有许多内置的类似 DSP 的函数,如饱和数学、Q 算术、循环缓冲类型等。这些函数常用于复杂运算、矢量运算、FIR 滤波器、IIR 滤波器、自适应滤波器、快速傅里叶变换、离散余弦变换、数学函数、矩阵运算、数理统计等。

应用这些函数可以借助"TriLib"库,"TriLib"库包括汇编程序,针对最短的运行时间进行了高度优化,并且可以直接被 C 和 C++程序(包括 ARDUINO IDE)调用。对于这样的操作,编译器直接使用板载浮点单元,因此无须进行特殊操作。建议在"1"核或"2"核上使用 DSP TriLib 函数,因为它们比"0"核运行得要快。

7.19　本 章 小 结

本章主要介绍在 ARDUINO IDE 上进行 ShieldBuddy TC275 开发板功能开发的相关代码语句,其中包括特定 SRAM 分配、多核通信、通用定时器中断、DAC 与 ADC、PWM 信号的产生与测量等。

第8章 ShieldBuddy TC275 的入门实验

8.1 炫 彩 灯

RGB LED 是一种新型 LED 灯。之所以称 RGB,是因为这个 LED 是由红(Red)、绿(Green)和蓝(Blue)三色组成。计算机的显示器也是由一个个小的红、绿、蓝点组成的。可以通过调整三个 LED 中每个灯的亮度产生不同的颜色。本项目通过一个 RGB 小灯随机产生不同的炫彩颜色。

8.1.1 硬件连接

RGB 有共阴和共阳,这里假设是共阴的。连接时还需注意一点,即引脚的顺序,可参照图 8.1 所示的 RGB 接线图。

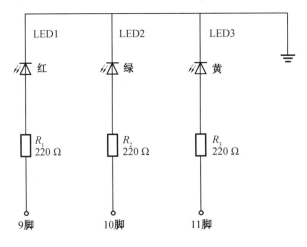

图8.1 RGB 接线图

8.1.2 程序

程序如下。

```
int redPin = 9;
int greenPin = 10;
int bluePin = 11;
void setup(){
    pinMode(redPin, OUTPUT);
```

```
  pinMode(greenPin, OUTPUT);
  pinMode(bluePin, OUTPUT);
}
void loop( ){
  colorRGB(random(0,255),random(0,255),random(0,255));
  //R:0~255 G:0~255 B:0~255
  delay(1000);
}
void colorRGB(int red, int green, int blue){
  analogWrite(redPin,constrain(red,0,255));
  analogWrite(greenPin,constrain(green,0,255));
  analogWrite(bluePin,constrain(blue,0,255));
}
```

8.2　北美交通灯控制

通常,北美的交通灯控制会在正常交通灯控制基础上,增加一种行人按键请求通过马路的功能。当按钮被按下时,系统会自动反应,改变交通灯的状态,让车停下,允许行人通过。本项目不仅实现了系统的互动,也可以在代码编写中学习到如何创建自己的函数。本项目的代码相对长一些,可以培养阅读程序的耐心。

8.2.1　硬件介绍

本项目需要 1 块面包板、13 根跳跳线、6 个 220 Ω 电阻、5 个发光二极管(红 2 个、绿 2 个、黄 1 个)、1 个按键开关。

按键结构和开关接通原理如图 8.2 所示。

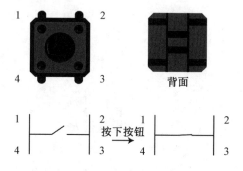

图8.2　按键结构和开关接通原理

8.2.2　功能设计

北美的行人不是很多,现实生活中需要十字路口的交通灯控制过程如下:开始时,汽车灯为绿灯,行人灯为红灯,代表车行人停;一旦行人按下按钮,请求过马路,那么行人灯就开始由红变绿,汽车灯由绿变黄,再变红;在行人通行的过程中,设置了一个过马路的时间,一旦时间结束,行人绿灯开始闪烁,提醒行人快速过马路;闪烁完毕,最终又回到开始的状态,汽车灯为绿灯,行人灯为红灯。

8.2.3　硬件连接

按图 8.3 的连线图连接电路。特别要注意的是,这个实验连线比较多,注意不要插错。给板子通电前认真检查接线是否正确。在连线时,保持电源是断开的状态,也就是不要插USB 线。

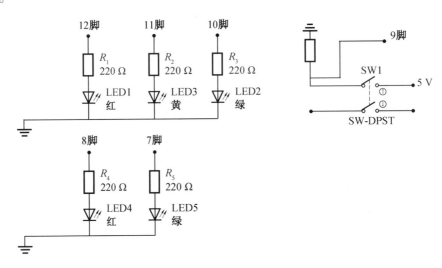

图8.3　北美互动交通控制灯连线图

8.2.4　程序及其解释

程序如下。

```
int carRed = 12;              //设置汽车灯
int carYellow = 11;
int carGreen = 10;
int button = 9;               //按钮引脚
int pedRed = 8;               //设置行人灯
int pedGreen = 7;
int crossTime =5000;          //允许行人通过的时间
unsigned longchangeTime;      //按钮按下后的时间
void setup( ) {
```

```
    //所有 LED 设置为输出模式
    pinMode(carRed, OUTPUT);
    pinMode(carYellow, OUTPUT);
    pinMode(carGreen, OUTPUT);
    pinMode(pedRed, OUTPUT);
      pinMode(pedGreen, OUTPUT);
      pinMode(button, INPUT);            //按钮设置为输入模式
      digitalWrite(carGreen, HIGH);      //车行
    digitalWrite(pedRed, LOW);         //人停
}
void loop() {
    int state = digitalRead(button);
    //检测按钮是否被按下,并且是否距上次按下后有 5 s 的等待时间
    if(state == HIGH && (millis() - changeTime) > 5000) {
    //调用变灯函数
    changeLights();
      }
}
void changeLights() {
    digitalWrite(carGreen, LOW);       //汽车绿灯灭
    digitalWrite(carYellow, HIGH);     //汽车黄灯亮
    delay(2000); //等待 2 s
    digitalWrite(carYellow, LOW);      //汽车黄灯灭
    digitalWrite(carRed, HIGH);        //汽车红灯亮
        delay(1000);                   //为安全考虑等待 1 s
    digitalWrite(pedRed, LOW);         //行人红灯灭
    digitalWrite(pedGreen, HIGH);      //行人绿灯亮
    delay(crossTime);                  //等待一个通过时间
    //闪烁行人灯绿灯,提示可过马路时间快结束
    for (int x=0; x<10; x++) {
    digitalWrite(pedGreen, HIGH);
    delay(250);
    digitalWrite(pedGreen, LOW);
    delay(250);
```

```
        ｝
        digitalWrite( pedRed, HIGH);        //行人红灯亮
        delay( 500);
        digitalWrite( carRed, LOW);         //汽车红灯灭
        digitalWrite( carYellow, HIGH);     //汽车黄灯亮
        delay( 1000);
        digitalWrite( carYellow, LOW);      //汽车黄灯灭
        digitalWrite( carGreen, HIGH);      //汽车绿灯亮
        changeTime = millis( );             //记录自上一次灯变化的时间
        //返回到主函数循环中
        ｝
```

8.3　数码管实验

8.3.1　认识数码管

数码管就是发光二极管的组合体(图 8.4),这个组合体包含 8 个发光二极管,所以也称之为八段数码管,分别为 a~g 以及小数点 DP。其实八段数码管用法和发光二极管是一样的,每段都是 1 个发光二极管,分别用 8 个数字口来控制它们的亮灭,通过不同段的显示,就能组成 0~9 的数字。如让 b、a、f、e、d、c 亮起,就能显示数字"0"。图 8.4 是引脚说明图,这里,b → a → f → g → e → d → c → DP 分别连接到 ARDUINO 数字引脚 2~9。

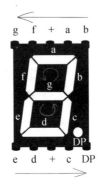

图8.4　共阳极数码管

数码管一共有 10 个引脚,a~DP 这 8 个引脚接到数字口。数码管也存在"共阴"和"共阳"问题。所谓"共阳"就是公共端接+5 V,"共阴"则是公共端接 GND。

8.3.2　接线

4×4 矩阵键盘有一个 8 孔的排母,理论上可以直接插到 0~7 脚上,但 0 脚和 1 脚用于串口通信,所以只能选择 ShieldBuddy TC275 板子的 2~13 脚。但这里选择 ARDUINO 板子的 2~9脚。其接线图如图 8.5 所示。

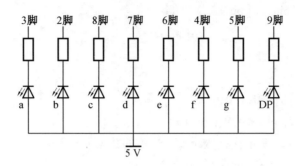

图8.5 数码管引脚与 ARDUINO 板子的接线图

8.3.3 测试数码管

现在输入以下程序:

```
void setup( ) {
  for( int pin = 2 ; pin <= 9 ; pin++) {
    // 设置数字引脚 2~9 为输出模式
    pinMode( pin, OUTPUT) ;
    digitalWrite( pin, HIGH) ;
  }
}
void loop( ) {
  //显示数字 0
  int n0[8] = {0,0,0,1,0,0,0,1} ;
  for( int pin = 2; pin <= 9 ; pin++) {
    // 数字引脚 2~9 依次按数组 n0[8]中的数据显示
    digitalWrite( pin,n0[ pin-2]) ;
  }
  delay( 500) ;
  //显示数字 1
  int n1[8] = {0,1,1,1,1,1,0,1} ;
  for( int pin = 2; pin <= 9 ; pin++) {
    // 数字引脚 2~9 依次按数组 n1[8]中的数据显示
    digitalWrite( pin,n1[ pin-2]) ;
  }
  delay( 500) ;
  //显示数字 2
  int n2[8] = {0,0,1,0,0,0,1,1} ;
  for( int pin = 2; pin <= 9 ; pin++) {
    // 数字引脚 2~9 依次按数组 n2[8]中的数据显示
```

```
        digitalWrite(pin,n2[pin-2]);
    }
    delay(500);
    //显示数字3
    int n3[8]={0,0,1,0,1,0,0,1};
    for(int pin = 2; pin <= 9 ; pin++){
        // 数字引脚2~9 依次按数组 n3[8]中的数据显示
        digitalWrite(pin,n3[pin-2]);
    }
    delay(500);
    //显示数字4
    int n4[8]={0,1,0,0,1,1,0,1};
    for(int pin = 2; pin <= 9 ; pin++){
        // 数字引脚2~9 依次按数组 n4[8]中的数据显示
        digitalWrite(pin,n4[pin-2]);
    }
    delay(500);
    //显示数字5
    int n5[8]={1,0,0,0,1,0,0,1};
    for(int pin = 2; pin <= 9 ; pin++){
        // 数字引脚2~9 依次按数组 n5[8]中的数据显示
        digitalWrite(pin,n5[pin-2]);
    }
    delay(500);
    //显示数字6
    int n6[8]={1,0,0,0,0,0,0,1};
    for(int pin = 2; pin <= 9 ; pin++){
        // 数字引脚2~9 依次按数组 n6[8]中的数据显示
        digitalWrite(pin,n6[pin-2]);
    }
    delay(500);
    //显示数字7
    int n7[8]={0,0,1,1,1,1,0,1};
    for(int pin = 2; pin <= 9 ; pin++){
        // 数字引脚2~9 依次按数组 n7[8]中的数据显示
        digitalWrite(pin,n7[pin-2]);
    }
```

```
delay(500);
//显示数字 8
int n8[8] = {0,0,0,0,0,0,0,1};
for(int pin = 2; pin <= 9 ; pin++){
    // 数字引脚 2~9 依次按数组 n8[8]中的数据显示
    digitalWrite(pin,n8[pin-2]);
}
delay(500);
//显示数字 9
int n9[8] = {0,0,0,0,1,1,0,1};
for(int pin = 2; pin <= 9 ; pin++){
    //数字引脚 2~9 依次按数组 n9[8]中的数据显示
    digitalWrite(pin,n9[pin-2]);
}
delay(500);
}
```

8.4　执行机构的控制

8.4.1　认识继电器

继电器一般 3 个引脚一组,包括 1 个公共端,1 个常开端和 1 个常闭端。继电器原理图如图 8.6所示。

继电器引脚一共 2 组,具体引脚的定义一般在继电器本身上有印刷的电路图标识,如果没有就用万用表测量 3 个引脚即可。

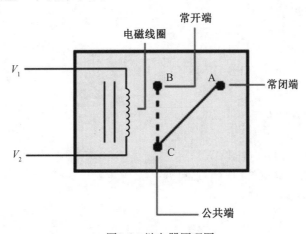

图8.6　继电器原理图

8.4.2　继电器控制电路

利用继电器控制 LED 灯亮灭,继电器的 2 引脚和 5 引脚分别连接开发板 13 引脚和 GND。继电器公共端 1 引脚(或 6 引脚)连接 5 V,继电器常开端 3 引脚连接限流电阻,电阻另一端连接 LED 灯正极,LED 灯负极连接 GND。其接线图如图 8.7 所示。

图8.7　继电器控制电路接线图

8.4.3　利用继电器控制灯的实验代码

```
int incomedate = 0;
int relayPin = 13;                      //继电器引脚
void setup() {
  pinMode(relayPin, OUTPUT);
  SerialASC.begin(9600);                //设置串口波特率为 9 600
}
void loop() {
  if (SerialASC.available() > 0)        //串口接收到数据
  {
    incomedate = SerialASC.read();      //获取串口接收到的数据
    if (incomedate == 'H')
    {
      digitalWrite(relayPin, HIGH);
      SerialASC.println("LED OPEN!");
    }
    else if (incomedate == 'L')
    {
      digitalWrite(relayPin, LOW);
      SerialASC.println("LED CLOSE!");
    }
  }
}
```

8.5　让舵机运动

舵机是一种电机,它使用一个反馈系统来控制电机的位置,可以很好地掌握电机角度。大多数舵机最大可以旋转 180°,也有一些能转更大角度,甚至 360°。航机的用处有很多可以用于对角度有要求的场合,如摄像头、智能小车前置探测器、需要在某个范围内进行监测的移动平台等;也可以把舵机放到玩具内,让玩具动起来;还可以用多个舵机做个小型机器人,舵机就可以作为机器人的关节部分。

8.5.1　舵机的连线

舵机及其连线如图 8.8 所示,舵机有 3 根线 1 根是红色,连到+5 V 上;1 根棕色(有些是黑的),连到 GND;还有 1 根是黄色或者橘色,连到数字引脚 9。

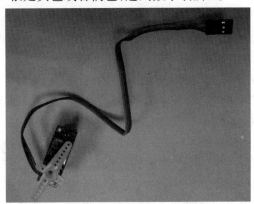

图8.8　舵机及其连线

8.5.2　简单功能设计

ARDUINO 也提供了<Servo.h>库,这令使用舵机变得更方便了。本项目套件的舵机是 180°的,它能在 0°~180°之间来回转动。

8.5.3　程序及其解释

程序如下:

```
#include <Servo.h>
Servoservo;
int pos = 0;
void setup( ) {
    // put your setup code for core 0 here, to run once:
    servo.attach(9);
}
void loop( ) {
    // put your main code for core 0 here, to run repeatedly:
    for ( pos = 0; pos <= 180; pos ++) {          // 0°到 180°
```

```
                                 // in steps of 1 degree
      servo.write( pos );                        // 舵机角度写入
      delay(5);                                  //等待转动到指定角度
    }
  for ( pos = 180; pos >= 0; pos --) {           // 180°~0°
      servo.write( pos );                        // 舵机角度写入
      delay(5);
    }
}
```

8.6　ShieldBuddy TC275 与 ARDUINO 板之间的通信

I²C 总线是一种由 PHILIPS 公司开发的两线式串行总线,用于连接微控制器及其外围设备。在主从通信中,可以有多个 I²C 总线器件同时接到 I²C 总线上,通过地址来识别通信对象。

I²C 总线是由数据线 SDA 和时钟 SCL 构成的串行总线,可发送和接收数据。在单片机与被控 IC(集成电路)之间、IC 与 IC 之间进行双向传送,最高传送速率 100 kbit/s。各种被控制电路均并联在这条总线上,但就像电话机一样只有拨通各自的号码才能工作,所以每个电路和模块都有唯一的地址。在信息的传输过程中,I²C 总线上并接的每一模块电路既可以是主控器(或被控器),又可以是发送器(或接收器),这取决于它所要完成的功能。

ShieldBuddy TC275 与 ARDUINO 板之间的通信可能会实现比在一块板上更高的处理能力,可以使用 I²C 来传递板之间的数据,使得它们之间可以分担工作量。

8.6.1　实验设计

本节的两个程序显示了 I²C 如何作为两个以上 ARDUINO 板之间的通信连接。ShieldBuddy TC275 作为 I²C 主机和 ARDUINO 从机的线路连接如图 8.9 所示。把 ShieldBuddy TC275 开发板的引脚 20(SDL)和引脚 21(SCL)与 ARDUINO 开发板的模拟引脚 4(SDL)和模拟引脚 5(SCL)以及 GND 3 个引脚用杜邦线相连。

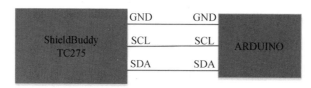

图8.9　ShieldBuddy TC275 作为 I²C 主机和 ARDUINO 从机

8.6.2　程序设计

主机是将串口接收到的字符用 I²C 发送到一个 ARDUINO 从机。主机程序:

```
#include <Wire.h>                              //声明 I²C 库文件
#define LED 13
```

```
byte x = 0;                              //变量 x 决定 LED 的亮灭
//初始化
void setup()
{
  Wire.setWireBaudrate(9600);            //设置串口波特率
  Wire.begin();                          // 加入 I²C 总线,作为主机
  pinMode(LED,OUTPUT);                   //设置数字端口 13 为输出
}
//主程序
void loop()
{
  Wire.beginTransmission(5);             //发送数据到设备号为 5 的从机
  Wire.write("Shiedbuddy TC275 is ");    // 发送字符串"Shiedbuddy TC275 is "
  Wire.write(x);                         // 发送变量 x 中的一个字节
  Wire.endTransmission();                // 停止发送
  x++;                                   //变量 x 加 1
  if(x==2)                               //如果变量 x 的值为 2,则把 x 值转为 0
  x=0;
  delay(1000);                           //延时 1 s
  Wire.requestFrom(5,1);                 //通知 5 号从机上传 1 个字节
  while(Wire.available()>0)              // 当主机接收到从机数据时
  {
    byte c =Wire.read();                 //接收一个字节赋值给 c
    //判断 c 为 1,则点亮 LED,否则熄灭 LED
    if(c==1)
    {
      digitalWrite(LED,LOW);
    }
    else
    {
      digitalWrite(LED,HIGH);
    }
  }
  delay(1000);                           //延时 1 s
}


ARDUINO 从机程序:
#include <Wire.h>
int x;                                   //变量 x 值决定主机的 LED 是否点亮
```

```
//初始化
void setup()
{
  Wire.begin(5);                          // 加入 I²C 总线,设置从机地址为 #5
  Wire.onReceive(receiveEvent);           //注册接收到主机字符的事件
  Wire.onRequest(requestEvent);           // 注册主机通知从机上传数据的事件
  Serial.begin(9600);                     //设置串口波特率
}
//主程序
void loop()
{
  delay(100);                             //延时
}


//当从机接收到主机字符,执行该事件
void receiveEvent(int howMany)
{
  while(Wire.available()>1)              // 循环执行,直到数据包只剩下最后一个字符
  {
    char c = Wire.read();                 // 作为字符接收字节
    Serial.print(c);                      // 把字符打印到串口监视器中
  }
   //接收主机发送的数据包中的最后一个字节
  x = Wire.read();                        // 作为整数接收字节
  Serial.println(x);                      //把整数打印到串口监视器中,并回车
}
//当主机通知从机上传数据,执行该事件
void requestEvent()
{
  //把接收主机发送的数据包中的最后一个字节再上传给主机
  Wire.write(x);                          // 响应主机的通知,向主机发送一个字节数据
}
```

8.6.3　实验结果

I²C 实验说明:主机向从机循环发送字符串"Shieldbuddy TC275 is"和字节 x,x 为 1 或 0,从机接收后,把数据显示在它的串口监视器中,实验结果如图 8.10 所示。当主机通知从机向它上传数据时,会把 x 值再上传回主机,然后赋值给变量 c。若主机程序判断 c 为 1,则点亮与主机数字端口 13 相连的 LED,否则熄灭 LED。

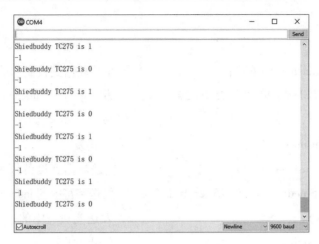

图8.10　实验结果

8.7　ShieldBuddy TC275 与两个 ARDUINO 控制器的通信

连接线路如图 8.11 所示。

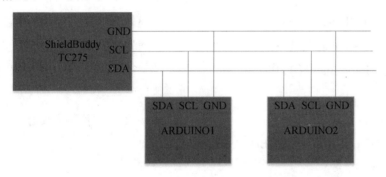

图8.11　ShieldBuddy TC275 与两个 ARDUINO 连接线路

主要是在主机程序,添加与另外一个 ARDUINO 控制器之间传递的信息即可。

```
#include <Wire.h>                    //声明 I²C 库文件
#define LED 13
byte x = 0;                          //变量 x 决定 LED 的亮灭
//初始化
void setup( )
{
   Wire.setWireBaudrate(9600);       //设置串口波特率
   Wire.begin( );                    // 加入 I²C 总线,作为主机
   pinMode(LED,OUTPUT);              //设置数字端口 13 为输出
}
//主程序
```

```
void loop( )
{
    Wire.beginTransmission(5);                          //发送数据到设备号为 5 的从机
    Wire.write("Shiedbuddy TC275 for 5# is ");          // 发送字符串"Shiedbuddy TC275 for 5# is "
    Wire.write(x);                                       // 发送变量 x 中的一个字节
    Wire.endTransmission( );                             // 停止发送
    Wire.beginTransmission(4);                           //发送数据到设备号为 4 的从机
    Wire.write("Shiedbuddy TC275 for 4# is ");          // 发送字符串"Shiedbuddy TC275 for 4# is "
    Wire.write(x);                                       // 发送变量 x 中的一个字节
    Wire.endTransmission( );                             // 停止发送
    x++;                                                 //变量 x 加 1
    if(x==2)                                             //如果变量 x 的值为 2,则把 x 值转为 0
    x=0;
    delay(1000);                                         //延时 1 s
    Wire.requestFrom(5, 1);                              //通知 5 号从机上传 1 个字节
    Wire.requestFrom(4, 1);                              //通知 5 号从机上传 1 个字节
    while(Wire.available( )>0)                           // 当主机接收到从机数据时
    {
        byte c =Wire.read( );                            //接收一个字节赋值给 c
        //判断 c 为 1,则点亮 LED,否则熄灭 LED
        if(c==1)
        {
            digitalWrite(LED,LOW);
        }
        else
        {
            digitalWrite(LED,HIGH);
        }
    }
    delay(1000);                                         //延时 1 s
}
```

8.8　本 章 小 结

　　本章给出了基于 ShieldBuddy TC275 开发板的简单应用案例,这些案例大部分是以 LED 灯或简单的执行机构等器件为基础,例如,数码管、电机、舵机和继电器等。本章给出的程序代码结构简单,并且经过实验验证。

第 9 章　ShieldBuddy TC275 的应用实验

9.1　投骰子游戏

通过一个按键输入猜测骰子可能会出现的点数,猜测的点数值会在 LED 灯显示,计算机上也会显示猜测的点数值。然后按下启动按键,通过随机函数产生一个骰子的点数,骰子点数在 LED 灯上显示,同时计算机上也会显示骰子的点数值。如果猜测值与骰子点数值相等,LED 灯会闪烁 3 次,计算机上显示"You win!";如果猜测值与骰子点数值不相等,LED 灯保持骰子点数值不变,计算机上显示"You lose!"。一轮游戏结束后,延时 2 s,开始下一轮游戏。

9.1.1　实验元器件与电路图

本项目实验所需元器件清单见表 9.1。

表 9.1　元器件清单

元器件	数量
ShieldBuddy TC275 评估版	1
USB 连接线	1
面包板	1
按键	2
LED 灯	3
1 kΩ 电阻	3
10 kΩ 电阻	2
插线	若干

使用 3 个 LED 灯用二进制表示 1~6 中的某个数字(黑色三角形表示点亮的灯),如图 9.1 所示,本项目的接线电路图如图 9.2 所示。

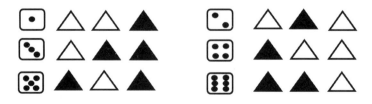

图9.1　LED 灯与数字

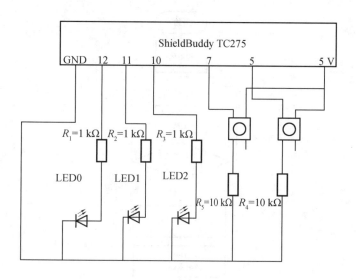

图9.2　接线电路图

按照图 9.2 的接线图,用导线将面包板上的"–"接 ShieldBuddy TC275 的 GND 引脚,面包板上的"+"接 ShieldBuddy TC275 的 5 V 引脚,3 个 LED 灯短引脚(负极)接面包板上的负极,长引脚(正极)分别接 3 个 1 kΩ 电阻的一端引脚,3 个 1 kΩ 电阻的另一端引脚用导线接 ShieldBuddy TC275 的 10 引脚、11 引脚和 12 引脚,将猜测按键开关的一个引脚用导线连 ShieldBuddy TC275 的 7 引脚,然后将开关同一侧的另外一个引脚连接一个 10 kΩ 电阻引脚,电阻的另外一个引脚连接到面包板的 GND,开关的对侧引脚连接到面包板 5 V。将启动按键开关的一个引脚用导线连 ARDUINO 的 5 引脚,然后将开关同一侧的另外一个引脚连接一个 10 kΩ 电阻引脚,电阻的另外一个引脚连接到面包板 GND,开关的对侧引脚连接到面包板 5 V,实物图如图 9.3 所示。

图9.3　实物图

9.1.2　程序设计

图 9.4 所示为本项程序流程图。

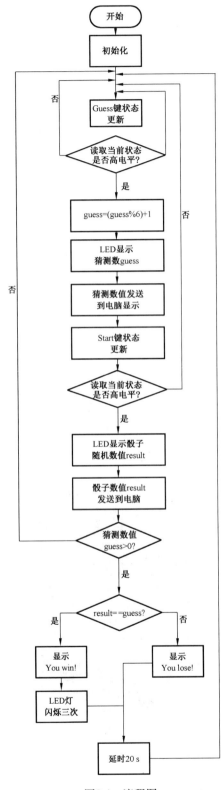

图9.4　流程图

本项目程序：

```
#include <Bounce2.h>
int LED_BIT0 = 10;                    //LED0 灯与引脚 D10 相连
int LED_BIT1 = 11;                    //LED1 灯与引脚 D11 相连
int LED_BIT2 = 12;                    //LED2 灯与引脚 D12 相连
int START_BUTTON_PIN = 5;             //启动按键接 5 脚
int GUESS_BUTTON_PIN = 7;             //猜测按键接 7 脚
int BAUD_RATE = 9600;                 //波特率为 9 600
int result;
int numTable[8][3]{
   {0,0,0},
   {0,0,1},
   {0,1,0},
   {0,1,1},
   {1,0,0},
   {1,0,1},
   {1,1,0},
   {1;1,1},
   };
void setup() {
   pinMode(LED_BIT0,OUTPUT);          //设置引脚模式为输出模式
   pinMode(LED_BIT1,OUTPUT);
   pinMode(LED_BIT2,OUTPUT);
   pinMode(START_BUTTON_PIN,INPUT);   //设置引脚模式为输入模式
   pinMode(GUESS_BUTTON_PIN,INPUT);
   randomSeed(analogRead(A0));        //通过读取引脚 A0 产生特定范围的随机数
   SerialASC.begin(BAUD_RATE);        //初始化串口设定波特率
}
const unsigned int DEBOUNCE_DELAY = 20;//防抖延时 20 ms
Bouncestart_button(START_BUTTON_PIN,DEBOUNCE_DELAY);
//为防抖按键开关创建 Bounce 对象,传递引脚号和防抖延时时间
Bounceguess_button(GUESS_BUTTON_PIN,DEBOUNCE_DELAY);
int guess = 0;                        //初始化变量,存储猜测数
void loop() {
   handle_guess_button();             //猜测按键函数
   handle_start_button();             //启动按键函数
```

```
        }
    void handle_guess_button( ) {
        if( guess_button.update( ) ) {          //确认按键当前状态
            if( guess_button.read( )= =HIGH) {   //读取当前状态
                guess = ( guess%6)+1;            //取模,保证 guess 在 1~6 之间
                output_result( guess );          //用 LED 显示猜测数值
                SerialASC.print("Guess:");       //通过串口将"Guess:"发送到计算机
                SerialASC.println( guess );      //通过串口将猜测数值发送到计算机
            }
        }
    }

    void handle_start_button( ) {
        if( start_button.update( ) ) {
            if( start_button.read( )= =HIGH) {
                const int result=random(1,7);    //产生随机数
                output_result( result );          //显示摇出的骰子值
                SerialASC.print("Result:");       //串口输出"Result:"到计算机
                SerialASC.println( result );      //串口将骰子数值发送到计算机
                if( guess>0) {                    //判断是否输入猜测数
                    if( result = =guess) {
//猜测数值与骰子数值是否相等,猜对显示"You win!",灯闪烁,猜错显示"You lose!"
                        SerialASC.println("You win!");
                        hooray( );
                    } else {
                        SerialASC.println("You lose!");
                    }
                }
                delay(2000);                      //延时 2 s,猜测数清零,重新开始游戏
                guess=0;
            }
        }
    }

    void output_result( long result ) {          //灯显示 1~6 个数值
        digitalWrite(LED_BIT0,numTable[ result][ 0]);
        digitalWrite(LED_BIT1,numTable[ result][ 1]);
        digitalWrite(LED_BIT2,numTable[ result][ 2]);
```

```
    }
void hooray( ) {                              //闪烁 3 次
    for( unsigned int i=0;i<3;i++) {
        output_result(7);
        delay(500);
        output_result(0);
        delay(500);
    }
}
```

9.1.3　实验运行结果

实验运行结果如图 9.5 所示,按猜测键 3 次,LED 灯分别显示 1、2、3,按下启动键,产生骰子随机数 3,LED 灯显示 3,如图 9.5(c)所示。猜测值与骰子值相等,LED 灯闪烁三次,如图 9.5(d)所示。串口窗口显示猜测值、骰子值,以及猜测正确显示"You win!"如图 9.6所示。

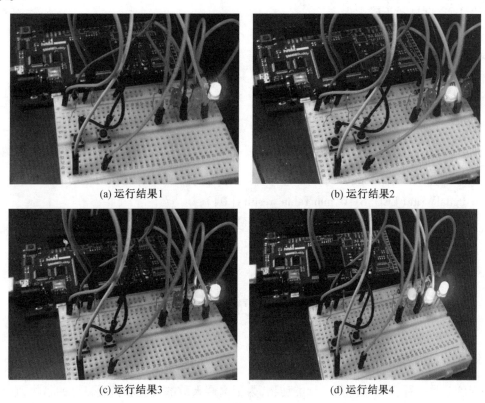

(a) 运行结果1　　　　　　　　　　(b) 运行结果2

(c) 运行结果3　　　　　　　　　　(d) 运行结果4

图9.5　实验运行结果

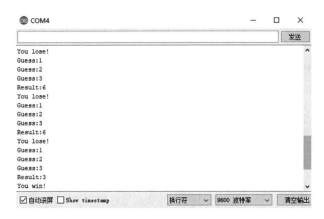

图9.6　串口窗口结果

　　需要注意：通过测试运行，所有功能都能够实现。最初写好的程序在 ARDUINO 上运行无误，所有功能都能够正常运行，但是将程序下载到 ShieldBuddy TC275 中后，虽然也能够运行，串口窗口显示的值也都是正确的，但是 3 个 LED 灯无法正常显示猜测值和骰子值。经排查发现是 LED 灯的程序在将猜测值或骰子值转换成二进制值显示时，用 result 和 B001 或 B010、B100 相与的方法进行转化，ShieldBuddy TC275 上不支持这种方法；换一种方法进行编程后，LED 灯显示正确无误。

　　如下程序在 ShieldBuddy TC275 上不支持：

```
void output_result( long result ){           //灯显示 1~6 个数值
    digitalWrite( LED_BIT0,result&B001 );   //将骰子数值与 001 相与
    digitalWrite( LED_BIT1,result&B010 );
    digitalWrite( LED_BIT2,result&B100 );
}
```

　　如下程序即为修改后程序：

```
void output_result( long result ){           //灯显示 1~6 个数值
    digitalWrite( LED_BIT0,numTable[ result ][ 0 ] );
    digitalWrite( LED_BIT1,numTable[ result ][ 1 ] );
    digitalWrite( LED_BIT2,numTable[ result ][ 2 ] );
}
```

9.2　随环境变色的彩灯实验

9.2.1　项目简介

　　变色龙是一种善变的树栖爬行类动物，为了逃避天敌的侵犯和接近自己的猎物，它们常在不经意间改变身体颜色，从而让自己融入周围的环境之中，其运行结果如图 9.7 和图 9.8 所示。

　　基于图 9.7 和图 9.8 的问题，本项目采用 RBG 彩色 LED 灯和 TCS3200 颜色敏感器（简称 TCS3200），设计一款能够随环境改变而改变 LED 灯颜色的自适应变色系统。当 TCS3200

颜色敏感器接近物体时,彩色 LED 灯将会发出和接近物体颜色一样的灯光。

(a) 变色龙根据环境变色前　　　　　　　　　(b) 变色龙根据环境变色后

图9.7　运行结果 1

(a) 变色龙根据环境变色前　　　　　　　　　(b) 变色龙根据环境变色后

图9.8　运行结果 2

9.2.2　实验元器件和电路图

本项目实验所需元器件见表 9.2。

表 9.2　元器件清单

元器件	数量
ShieldBuddy TC275 评估版	1
USB 连接线	1
RBG 彩灯	1
TCS3200 颜色敏感器	2
插线	若干

表 9.2 中的 TCS3200 颜色敏感器是一款全彩的颜色检测器,包括了 1 块 TAOS TCS3200 RGB 感应芯片和 4 个白光 LED 灯,TCS3200 能在一定的范围内检测几乎所有的可见光,适用于色度计测量应用领域。

通常所看到的物体颜色,实际上是物体表面吸收了照射到它上面的白光(日光)中的一部分有色成分,反射出的另一部分有色光在人眼中的反应。白色是由各种频率的可见光混合在一起构成的,也就是说白光中包含着各种颜色的色光。根据德国物理学家赫姆霍兹的三原色理论可知,各种颜色是由不同比例的三原色(红、绿、蓝)混合而成的,如果知道构成各种颜色的三原色的值,就能够知道所测试物体的颜色。对于 TCS3200 来说,当选定一个颜色滤波器时,它只允许某种特定原色的光通过,阻止其他原色的光通过。例如,当选择红色滤波器时,入射光中只有红色可以通过,蓝色和绿色都被阻止,这样就可以得到红色光的光强;同理,选择其他的滤波器,就可以得到对应颜色光的光强。通过这三个光强值,就可以分析出反射到 TCS3200 颜色敏感器上的光的颜色。

　　TCS3200 颜色敏感器有红、绿、蓝和清除 4 种滤光器,可以通过引脚 S2 和引脚 S3 的高低电平来选择滤波器模式,见表 9.3。

表 9.3　TCS3200 **滤波模式的选择方式**

S2	S3	测量的颜色
L	L	红
L	H	蓝
H	L	关闭
H	H	绿

　　TCS3200 有可编程的彩色光到电信号频率的转换器,当被测物体反射光的红、绿、蓝三色光线分别透过相应滤波器到达 TAOS TCS3200 RGB 感应芯片时,其内置的振荡器会输出方波,方波频率与所感应的光强成比例关系,光线越强,内置的振荡器方波频率越高。TCS3200 颜色敏感器有一个 OUT 引脚,它输出信号的频率与内置振荡器的频率也成比例关系,它们的比率因子可以靠其引脚 S0 和 S1 的高低电平来选择,见表 9.4。

表 9.4　TCS3200 **输出频率选择**

S0	S1	输出频率比例
L	L	关闭
L	H	2%
H	L	20%
H	H	100%

　　表 9.5 和表 9.6 分别为 RBGLED 彩灯、TCS3200 与 ShieldBuddy TC275 的引脚接线关系。其中 TCS3200 的信号输出端接 ShieldBuddy TC275 的 SDA(20)通信口,以保证中断函数正常使用。

表 9.5　RBG LED **彩灯与** ShieldBuddy TC275 **的引脚接线**

RBG 彩灯	ShieldBuddy TC275
GND	GND
R	D30
B	D32
G	D34

表 9.6　TCS3200 与 ShieldBuddy TC275 的引脚接线

TCS3200	ShieldBuddy TC275
GND	GND
S0	D50
S1	D51
S2	D23
S3	D22
OUT	SDA(20)
OE	GND

9.2.3　程序设计流程图和程序

本实验流程图如图 9.9 所示。

本项目程序：

```
#include <Metro.h>                            //函数库
#include <math.h>
Metroledlightup = Metro(60,true);            //设置函数运行时间
Metroprocessdata = Metro(50,true);
MetroTcsTrigger = Metro(10,true);
int s0 = 50,s1 = 51,s2 = 23,s3 = 22;         //TCS3200 颜色敏感器端口定义
int out = 20;                                 //定义用于中断函数的信号输入端口
int flag = 0;                                 //变量初始化
int counter = 0;
int countR = 0,countG = 0,countB = 0;
void setup()
{
    Serial.begin(115200);                     //波特率为 115 200
    pinMode(s0,OUTPUT);
    pinMode(s1,OUTPUT);
    pinMode(s2,OUTPUT);
    pinMode(s3,OUTPUT);
    analogWrite(2,0);
    analogWrite(3,0);
    analogWrite(4,0);
}
void TCS()
{
```

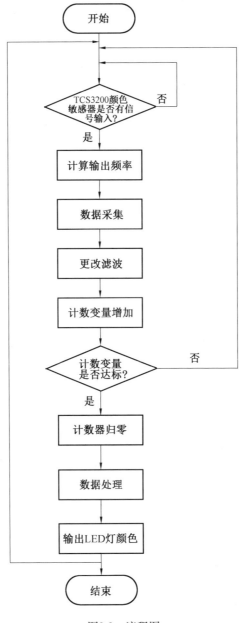

图9.9　流程图

```
digitalWrite(s0,HIGH);
digitalWrite(s1,HIGH);
attachInterrupt(20, ISR_INTO, CHANGE);//中断函数
}

void ISR_INTO( )                                    //计算 TCS3200 颜色敏感器 OUT 口输出频率
{
    counter++;
```

```
}
int Raverage = 0;
int Baverage = 0;
int Gaverage = 0;
void loop( )                              //主程序
{
  TCS( );
  if( TcsTrigger.check( ) ) {
    Tcstrigger( );
  }
  if( processdata.check( ) ) {
    procedata( );
  }
  if( ledlightup.check( ) )
  {
    ledup( );
  }
}
voidTcstrigger( )                         //数据采集
{
  flag++;
  if( flag = = 1) {
    digitalWrite( s2 , LOW ) ;            //打开红色频率通道
    digitalWrite( s3 , LOW ) ;
    countR = counter;
    digitalWrite( s2 , HIGH ) ;          //打开绿色频率通道
    digitalWrite( s3 , HIGH ) ;
  }
  else if( flag = = 2) {
    countG = counter;
    digitalWrite( s2 , LOW ) ;           //打开蓝色频率通道
    digitalWrite( s3 , HIGH ) ;
  }
  else if( flag = = 3) {
    countB = counter;
    digitalWrite( s2 , LOW ) ;           //打开红色频率通道
```

```
        digitalWrite( s3 ,LOW) ;
        flag=0;
      }
    counter=0;                                //计数器归零
  }
  void procedata( )                           //数据处理
  {
    static int Rinput[5] = {0,0,0,0,0}
    ,Binput[5] = {0,0,0,0,0}
    ,Ginput[5] = {0,0,0,0,0} ;

    for( int i = 4;i > 0;i--){
      Rinput[i] = Rinput[i-1];
      Binput[i] = Binput[i-1];
      Ginput[i] = Ginput[i-1];
    }
    if( countR < 2500)
      Rinput[0] = countR;
    else
      Rinput[0] = Rinput[1];

    if( countB < 2500)
      Binput[0] = countB;
    else
      Binput[0] = Binput[1];

    if( countG < 2500)
      Ginput[0] = countG;
    else
      Ginput[0] = Ginput[1];

    Raverage = 0;
    Baverage = 0;
    Gaverage = 0;
    for( int i = 0;i <= 4;i++){
      Raverage += Rinput[i];
```

```
        Baverage += Binput[i];
        Gaverage += Ginput[i];
    }
    Raverage /= 5;                              // 计算各颜色频率平均值
    Baverage /= 5;
    Gaverage /= 5;
}
void ledup()                                    //数据输出(点亮 LED 灯)
{
    int ledvalueR = Raverage;
    int ledvalueG = Gaverage;
    int ledvalueB = Baverage;
    ledvalueR = constrain(ledvalueR,350,1700);  //频率限制
    ledvalueB = constrain(ledvalueB,350,1500);
    ledvalueG = constrain(ledvalueG,350,1650);
    ledvalueR = map(ledvalueR,350,1700,0,255);  //将频率换算成 RBG 值
    ledvalueB = map(ledvalueB,350,1500,0,255);
    ledvalueG = map(ledvalueG,350,1650,0,255);
    analogWrite(2,(255-ledvalueR));             //输入原色值给 LED
    analogWrite(3,(255-ledvalueB));
    analogWrite(4,(255-ledvalueG));
    SerialASC.print("Red:");                    //显示三原色 RBG 值
    SerialASC.print(ledvalueR,DEC);
    SerialASC.print(" ");
    SerialASC.print("Blue:");
    SerialASC.print(ledvalueB,DEC);
    SerialASC.print(" ");
    SerialASC.print("Green:");
    SerialASC.println(ledvalueG,DEC);
}
```

9.2.4　运行结果

图 9.10 所示为实验运行结果。当颜色感应器感应到色卡纸的颜色时,RBG 彩灯将会点亮与所感应色卡纸颜色相同的灯。

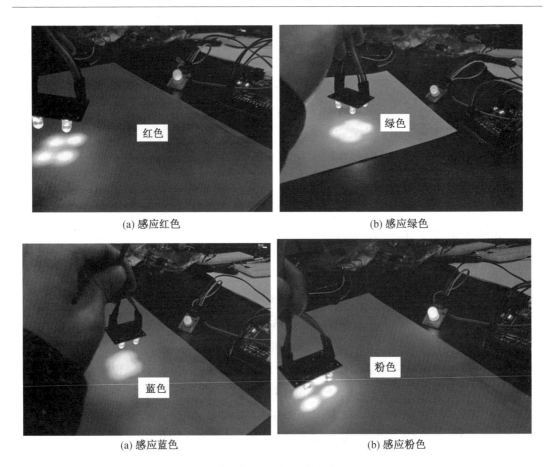

| (a) 感应红色 | (b) 感应绿色 |

| (a) 感应蓝色 | (b) 感应粉色 |

图9.10　实验运行结果

9.2.5　总结

通过测试运行,虽然所有功能都能够实现,但实验中仍然有几点值得注意。

(1)ShieldBuddy TC275 中的串口输出函数 SerialASC.print( )相较普通的 ARDUINO 程序的 Serial.print( )多了 ASC 后缀。

(2)实验中使用了 ShieldBuddy TC275 的 PWM 接口,这个接口虽然是数字接口,却能达到模拟信号输出的效果,ShieldBuddy TC275 中 PWM 口有 2~13 共 12 个,本实验使用了 2、3、4 口。

(3)关于中断函数的使用,本实验使用了 SDA(20)接口作为外部中断的接口,该接口既能发送信号也能接收信号,ShieldBuddy TC275 在使用 attachInterrupt( )外部中断函数时,对于中断接口的描述与普通 ARDUINO 程序使用特定引脚序号不同,ShieldBuddy TC275 中直接输入引脚编号即可,如本实验使用 SDA(20)接口,则 attachInterrupt(20, ISR_INTO, CHANGE)。

(4)本实验使用的 TCS3200 颜色敏感器由于自身 LED 灯会发光,因此检测到的颜色存在色差,并且由于其工作方式对光线依赖性强,所以很容易受外界环境(特别是光照)的影响。

(5)实验所用到的库函数“Metro.h”能实现多函数同时运行的功能。

本实验设计的感应-变色系统基于对保护色的思考,虽然实验设备精度有限,但是实验思想有深入研究的价值。

9.3　简易的密码保险柜制作实验

9.3.1　功能与总体设计

设计并制作一个可以自动打开和关闭的密码保险柜,实现输入密码并闭合开关,保险柜打开;断开开关,保险柜关闭,同时打乱密码实现保护。主要控制核心部件为 ShieldBuddy TC275 开发板,辅助控制部件为电位器、开关和舵机。密码保险柜初始为关闭状态,要打开保险柜需要旋动电位器到设定的密码值所对应的位置,在密码正确时按下开关。当开关断开时,保险柜关闭,此时旋动电位器,修改密码值,则密码保险柜进入锁定状态。

本项目的实验原理为:ShieldBuddy TC275 通过采集 3 个电位器上的电压值与预设值进行对比,当在偏差允许范围内时,则判断密码输入正确,并向舵机发出打开保险柜信号;若采集到的电压值不在该偏差范围内,则不发出任何指令。

9.3.2　模块及其原理介绍

本实验所需元器件见表9.7。

表 9.7　元器件清单

元器件	数量
英飞凌 ARDUINO 单片机	1
电位器	3
舵机	1
开关	1
模拟纸盒	1
USB 连接线	1
导线	若干

9.3.3　接线图

本实验接线图如图 9.11 所示,3 个 10 kΩ 电位器中间引脚分别连接 ShieldBuddy TC275 的 0、1、2 端口,两边引脚分别连接 5 V 电源和 GND 端。开关的一端连接开发板 7 号引脚,另一端接地。舵机的 3 个引脚分别接 5 V 电源、GND 和开发板 9 号输出端口。

按照电路原理图制作密码保险柜模型。第一步,选取一个完整的纸盒,在纸盒的前面板位置裁剪出 4 个孔,分别用来安装电位器和开关,并在侧面裁剪出用以通过 USB 数据线的小孔。第二步,根据原理图使用电烙铁和焊锡将导线焊接在电位器和开关上,保证 3 个电位器和开关彼此正确连接,同时预留出接触良好的导线插头,以便于 ShieldBuddy TC275 开发板连接。第三步,将电位器和开关安装在保险柜纸盒上,并将舵机固定在纸盒内侧,通过悬臂带动盒盖运动,从而实现保险柜的开合。第四步,将舵机、电位器、开关余下引脚与

ShieldBuddy TC275 开发板对应端口相连接,保证各连接点接触良好可靠。实物图如图 9.12 所示。进一步检查连接电路是否正确,保险柜开合是否顺滑,如无问题,将 ShieldBuddy TC275 通电并写入程序。

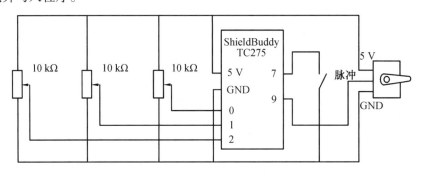

图9.11　密码保险柜电路接线图

图9.12　实物图

9.3.4　项目程序

(1)流程图。

本项目的程序流程图如图 9.13 所示。

(2)程序。

本项目程序如下:

```
#include <Servo.h>
// 引脚
int potPin1 = A0;
int potPin2 = A1;
int potPin3 = A2;
int buttonPin = 7;
int servoPin = 9;
//其他变量
int open1 = 0;
int open2 = 1023;
int open3 = 0;
```

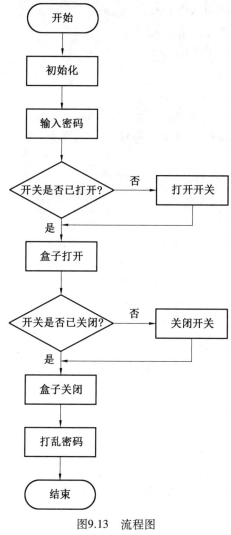

图9.13　流程图

```
int range = 10;
int boxOpen = 0;
Servo servo;
void setup( ) {
    // 设置按钮引脚为输入
    // 并打开上拉电阻
    pinMode(buttonPin, INPUT_PULLUP);
    // 附加舵机引脚
    servo.attach(servoPin);        //将引脚 9 的舵机加到舵机对象
    servo.write(90);               //开始时盒子关闭
    Serial.begin(9600);            //启动串行通信
}
void loop( ) {
    // 检查按钮是否按下
```

```
int buttonValue = digitalRead( buttonPin);
// 如果按钮已按下并且盒子是关闭的
if( buttonValue == 0 && boxOpen == 0) {
  // 按钮已按下
  int potValue1 = analogRead( potPin1);
  int potValue2 = analogRead( potPin2);
  int potValue3 = analogRead( potPin3);
  Serial.print("pot 1: ");
  Serial.print( potValue1);
  Serial.print(" pot 2: ");
  Serial.print( potValue2);
  Serial.print(" pot 3: ");
  Serial.println( potValue3);
  // 如果所有值都在正确范围内
  if( potValue1 < ( open1+range)  &&
    potValue1 > ( open1-range) &&
    potValue2 < ( open2+range)  &&
    potValue2 > ( open2-range) &&
    potValue3 < ( open3+range)  &&
    potValue3 > ( open3-range)
    ) {
    //打开盒子
    Serial.println("opening");
    for( int pos = 90; pos > 0; pos -= 1)
    {
      servo.write( pos);
      delay( 15);
    }
    boxOpen = 1;
  }
}
// 如果按钮已按下并且盒子是打开的
if( buttonValue == 1 && boxOpen == 1) {
  Serial.println("closing ");
  //关闭盒子
  for( int pos = 0; pos < 90; pos+=1)
  {
    servo.write( pos);
    delay( 15);
```

```
        }
    boxOpen = 0;
    }
}
```

9.3.5　运行结果

在调试之前将控制程序上传至开发板,并按下复位按钮。图 9.14(a)所示为复位后密码保险柜初始状态,盒子关闭且开关关闭。旋动电位器到密码值所对应的位置(图 9.14(b),黑色标记线段指向即为密码位置),按下开关(红色圆头处),此时保险柜盒子打开,并保持打开状态。然后,关闭开关,则保险柜盒子关闭,如图 9.14(c)所示。图 9.14(d)所示为打乱密码后盒子的状态,此时再次打开开关,由于密码错误,保险柜盒子仍处于关闭状态。

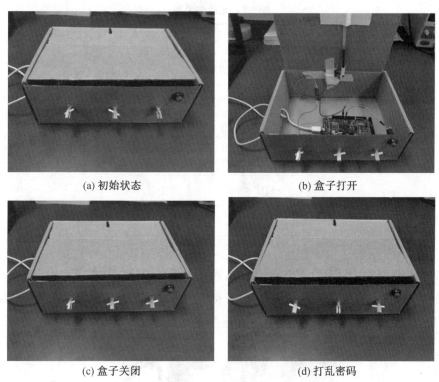

(a) 初始状态　　　　　　　　　(b) 盒子打开

(c) 盒子关闭　　　　　　　　　(d) 打乱密码

图9.14　运行结果

9.3.6　总结

经过调试运行,密码保险柜完全可以实现输入密码并闭合开关,保险柜打开;断开开关,保险柜关闭,同时打乱密码实现保护的功能。各组成部分协调工作,控制部件系统稳定,结构部分相对灵活,无干涉现象。整个调试过程也很正常,运行结果表明该密码保险柜达到了设计要求。

9.4　门窗监控系统

9.4.1　功能简介

通过一个可闭合的开关模拟门窗(实验中用两根导线接触代替可闭合的开关),如果将开关闭合,ShieldBuddy TC275 就记录一次入侵,并且通过 SIM 扩展板给预设的手机号码发送一个预警信息,然后将系统状态变量重置,延时 5 min 进行下一轮检测。

9.4.2　实验器件

本实验所需元器件见表 9.8。

表 9.8　元器件清单

元器件	数量
ShieldBuddy TC275	1
cp2102 驱动模块	1
面包板	1
SIM900A 模块	1
SIM 卡	1
插线	若干

(1)SIM900A 模块。

SIM900A 是 SIMCOM 公司推出的一款高性能工业级 GSM/GPRS 模块(图 9.15),它通过 AT 指令实现通信功能,支持短信、数据、彩信、上网等功能。复位排针引出,可实现现场无人值守远程复位、带 DTMF 功能实现远程遥控功能。

图9.15　SIM900A 模块

(2)cp2102 驱动模块。

cp2102 与其他 USB-UART 转接电路的工作原理类似(图 9.16),它通过驱动程序将 PC

的 USB 口虚拟成 COM 口以达到扩展的目的。cp2102 模块集成度高,内置 USB2.0 全速功能控制器、USB 收发器、晶体振荡器、EEPROM 及异步串行数据总线(UART),支持调制解调器全功能信号,无须任何外部的 USB 器件。

图9.16　cp2102 驱动模块

9.4.3　接线图与实验系统搭建

(1)接线图。

在实验之前完成 SIM900A 模块的调试工作,首先将 ShieldBuddy TC275 与 SIM900A 模块连接(图 9.17),进行调试。调试完成后,将 ShieldBuddy TC275 的 TX1 连接到 SIM900A 模块的 5VR(RXD)上,ShieldBuddy TC275 的 RX0 连接到 SIM900A 模块的 5VT(TXD)上,ShieldBuddy TC275 的 GND 引脚连接到 SIM900A 模块的 GND 上,SIM900A 模块的 VCC_MCU接入(输入)ShieldBuddy TC275 的 5 V 引脚。

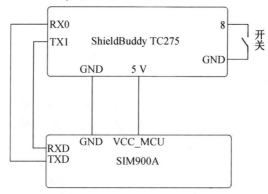

图9.17　系统接线图

(2)实验系统搭建。

将 ShieldBuddy TC275 的引脚 8 接到面包板上,用另外一根导线连接 ShieldBuddy TC275 的 GND 引脚和面包板,并通过两根导线接到面包板上的两个端口形成断开状态,实验时将两根导线连接起来形成闭合状态,面包板连接实物图如图 9.18 所示。

检查连接电路是否正确,如无问题,将 ShieldBuddy TC275 通电下载程序(程序源代码见9.4.5 节)。

图9.18　面包板连接实物图

9.4.4　项目程序

（1）流程图。

本项目的程序流程图如图 9.19 所示。

（2）程序。

本项目程序如下：

```
#include "phone.h"
bool intrusion=false;                //定义系统状态变量
void setup()
{
  Serial.begin(9600);
  SerialASC.begin(9600);             //波特率设置为 9 600
  pinMode(8,INPUT_PULLUP);           //定义引脚 8 为输入模式,启用一个上拉电阻
}
void loop()
{
  for(int i=0;i<600;i++)
  {
    delay(5000);
    if(digitalRead(8)==0)            //判断是否被入侵
    {
      if (intrusion==false)
      {
        intrusion==true;
        sendmessage();               //发送警告信息
```

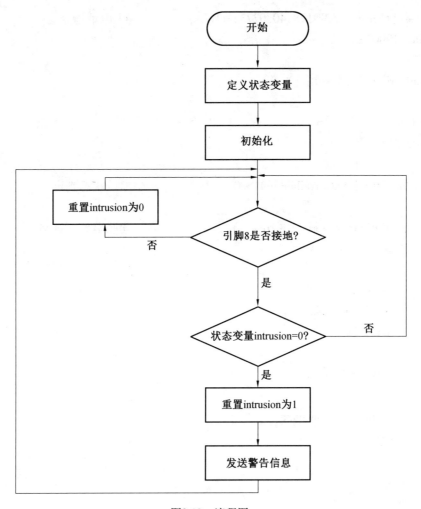

图9.19　流程图

```
        }
    else {                              //已经被警告
        }
    }
    else
    {
        intrusion = false;              //重置状态变量
    }
  }
}
phone.h
void voicecall( )
{
  Serial.print("ATD17824030773; \r \n") ;
```

```
    SerialASC.print("ATD17824030773;\r\n");          //AT 电话指令
    delay(1000);
}
int readSerial(char result[])
{
    int i = 0;
    while (1)
    {
        while (SerialASC.available() > 0)              //串口状态判定
        {
            charinChar = SerialASC.read();             //读取串口字符串
            if (inChar == '\n')
            {
                result[i] = '\0';
                SerialASC.flush();
                return 0;
            }
            if (inChar != '\r')
            {
                result[i] = inChar;
                i++;
            }
        }
    }
}
void sendmessage()
{
    Serial.print("AT+CSCS=\"GSM\"\r\n");
    SerialASC.print("AT+CSCS=\"GSM\"\r\n");            //初始化
    delay(1000);
    Serial.print("AT+CMGF=1\r\n");
    SerialASC.print("AT+CMGF=1\r\n");
    delay(1000);
    Serial.print("AT+CMGS=\"17824030773\"\r\n");
    SerialASC.print("AT+CMGS=\"17824030773\"\r\n");
    delay(1000);
    Serial.print("Intrusion alert!");
    SerialASC.print("Intrusion alert!");               //短信内容
    delay(1000);
```

Serial.write(0x1A);

SerialASC.write(0x1A);   //终止操作

delay(1000);

}

9.4.5 运行结果

如图 9.20 所示,将两根导线接到一个端口上,系统状态闭合。引脚 8 呈低电平状态,系统记录并向预设的手机号码发送短信"Intrusion alert!"预警。图 9.21 所示为串口窗口结果。

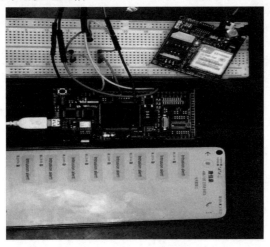

图9.20 实验结果图

图9.21 串口窗口结果

9.4.6 总结

通过测试运行,所有功能在 ARDUINO 上运行无误,所有功能都能够正常运行,但是将程序下载到 ShieldBuddy TC275 中后,虽然程序编译成功,但是发现串口监视窗口并无指令输出。经排查发现是串口函数 Serial() 在 ShieldBuddy TC275 上不被支持,需要添加 SerialASC() 缺省串口函数。例如:

Serial.print("AT+CSCS = \"GSM\"\r\n");//初始化

delay(1000);

如下程序即为修改后程序:

SerialASC.print("AT+CSCS = \"GSM\"\r\n");//初始化

delay(1000);

9.5　本章小结

本章给出了基于 ShieldBuddy TC275 开发板的应用案例,这些案例较第 8 章给出的案例更为复杂,并且都有一定的实用价值,也是进一步完成复杂应用案例的基础。本章给出的程序代码皆通过实验验证。

参 考 文 献

［1］王爽.英飞凌 XE166/XC2000 单片机开发与应用实例［M］.北京:电子工业出版社,2014.

［2］谢辉,徐辉.英飞凌多核单片机应用技术:AURIXTM 三天入门篇［M］.天津:天津大学出版社,2017.

［3］MONK S. Arduino 编程指南 75 个智能硬件程序设计技巧［M］.张佳进,陈立,译.北京:人民邮电出版社,2016.

［4］MONK S. Arduino 编程从零开始:使用 C 和 C++［M］. 2 版.张懿,译.北京:清华大学出版社,2018.

［5］李永华,曲明哲. Arduino 项目开发:物联网应用［M］.北京:清华大学出版社,2019.

［6］周宝善. Arduino Uno 轻松入门 48 例［M］.北京:电子工业出版社,2020.

［7］赵桐正. Arduino 开源硬件设计及编程［M］.北京:北京航空航天大学出版社,2021.